"十三五"职业教育系列教材

AutoCAD 2017 上机指导与实训

主　编　杨小军
副主编　及秀琴
编　写　陆源源　周勇平　于淑静
主　审　沈旗伟

中国电力出版社
CHINA ELECTRIC POWER PRESS

内 容 提 要

本书为“十三五”职业教育系列教材。

本书分两部分共20章，上机指导部分包括AutoCAD 2017基础知识，设置AutoCAD 2017的绘图环境，控制图形显示和绘制二维图形，图形编辑与图形的对象特性，向图形中添加文字和表格，尺寸标注，图块和块属性，零件图的绘制，装配图的绘制，三维造型基础，三维实体造型，曲面造型，三维图形的消隐、视觉样式和渲染，图形打印；AutoCAD技能实训部分包括基本技能训练、三视图与轴测图的绘制训练、工程图的绘制训练、三维造型训练、高级功能训练、全国计算机高新技术考试系统。附录包括系统变量表和AutoCAD应用技巧回答。本书以AutoCAD 2017版本为基础，是二维绘图和三维造型的上机指导与实训教材。书中除提供大量的练习文件外，还对有一定难度的习题做出提示。习题安排格局清楚、章节分明，对AutoCAD学习者具有较大帮助。

本书可作为高职高专院校、普通高等院校及各类CAD培训班的实践教材使用，也可供工程设计人员及计算机绘图爱好者学习AutoCAD的参考书。

图书在版编目（CIP）数据

AutoCAD 2017上机指导与实训 / 杨小军主编. —北京：中国电力出版社，2018.2（2023.6重印）
“十三五”职业教育系列教材
ISBN 978-7-5198-1628-5

Ⅰ. ①A… Ⅱ. ①杨… Ⅲ. ①AutoCAD软件–职业教育–教材 Ⅳ. ①TP391.72

中国版本图书馆CIP数据核字（2017）第331224号

出版发行：中国电力出版社
地　　址：北京市东城区北京站西街19号（邮政编码100005）
网　　址：http://www.cepp.sgcc.com.cn
责任编辑：冯宁宁（010-63412537）
责任校对：马　宁
装帧设计：王红柳　张　娟
责任印制：吴　迪

印　　刷：望都天宇星书刊印刷有限公司
版　　次：2018年2月第一版
印　　次：2023年6月北京第四次印刷
开　　本：787毫米×1092毫米　16开本
印　　张：10.75
字　　数：258千字
定　　价：28.00元

前言

AutoCAD 是 Autodesk 公司开发的专门用于计算机绘图设计的软件，自 20 世纪 80 年代 Autodesk 公司首次推出其 R1.0 版本以来，一直以其简便易学、精确无误等特点，深受广大工程设计人员的青睐。如今，AutoCAD 系统已经广泛应用于建筑、机械、电子和服装等工程设计领域，极大地提高了设计人员的工作效率。

AutoCAD 如今已经成为工厂、企事业单位对员工的基本要求之一，各工科院校也将其列为工科学生的必修课程之一，社会上也出现了许多 AutoCAD 的培训班。本书主要用于有一定基础的 AutoCAD 学员，要求学习者掌握 AutoCAD 的基本操作功能和一定的工程制图基础。本书的主要目的是提高学习者的绘图水平和绘图速度，对原来学习的知识作进一步的补充与提高。

本书主要分为两部分，上机指导部分与《AutoCAD 2017 中文版实用教程》一书相配套，也可单独使用，主要用于 AutoCAD 基本功能的学习使用，全部内容根据 AutoCAD 的不同功能模块进行分章，各章主要由学习目标、知识要点、上机内容和课后练习四方面的内容组成；AutoCAD 技能实训部分主要用于提高读者的 AutoCAD 绘图速度和绘图水平。此外，附录部分列出了常用系统变量，是 AutoCAD 水平提高的重要内容，还将在使用 AutoCAD 中遇到的各种问题进行汇总，便于学习者查阅。其他相关资源，可微信关注公众号“中国电力教材服务”或登录中国电力出版社教材服务网（http://jc.cepp.sgcc.com.cn）申请。

本书主要适用于进行 AutoCAD 基本上机练习、技能训练和 AutoCAD 认证培训，也可以为 AutoCAD 学习者和爱好者收藏所用。

本书基础部分请参考《AutoCAD 2017 中文版实用教程》，上机指导部分与该书相配套。

本书编写人员为连云港职业技术学院教师，主要由杨小军、及秀琴编写。及秀琴编写上机指导部分的第 1 章～第 9 章、AutoCAD 技能实训部分的第 15 章～第 17 章，杨小军编写上机指导部分的第 10 章～第 14 章、AutoCAD 技能实训部分的第 18 章～第 20 章和附录。陆源源、周勇平、于淑静也参与了本书部分章节的内容编写与资料整理工作。

本书由沈旗伟担任主审。同时，本书在编写过程中，得到许多同行的帮助，也引用、借鉴了相关专家的教材、著作，在此一并致谢。

限于编者水平，书中难免有疏漏之处，希望广大读者批评指正。

编　者

2017 年 9 月

目　录

上机指导部分

AutoCAD 技能实训部分

上机指导部分

第1章　AutoCAD 2017基础知识

1.1 学 习 目 标

（1）熟悉AutoCAD的工作界面和图形文件的管理方法。

（2）学习命令和系统变量的使用方法。

（3）学习坐标的输入方式。

（4）学习对象的选择方式。

（5）学习基本作图命令：直线、矩形。基本编辑命令：分解、偏移、修剪、删除的使用方法。

1.2 知 识 要 点

1. 坐标点的输入方法

（1）绝对坐标：X，Y，Z。

（2）相对坐标：@ΔX，ΔY，ΔZ。

（3）极坐标：距离＜角度；@距离＜角度。

2. 对象主要的选择方式

（1）默认窗口方式：窗口方式和交叉窗口方式的综合。从左向右拖出的窗口为窗口方式；从右向左拖出的窗口为交叉窗口方式。

（2）单选方式：直接用鼠标点取对象。

（3）全选方式：在提示选择对象时输入“ALL”。

3. 绘图的一般步骤

（1）对图形进行分析，确定绘制方法。

（2）确定图形绘制的起点或第一条线（一般为图形的某一个角点或对称中心线）。

（3）在绘图过程中多用偏移命令（OFFSET）完成平行的图线；用修剪命令（TRIM）命令对图线进行编辑修剪；个别图线单独绘制；完成全图。

（4）对完成的图形进行检查，修改。

1.3 上 机 内 容

【上机1-1】 打开AutoCAD 2017，熟悉AutoCAD 2017的工作界面和文件的打开、关闭、保存、另存为、帮助、绘图窗口和文本窗口的切换等内容。

【上机1-2】 熟悉命令和系统变量的使用方法。（命令和参数的输入方法；透明命令的概

念；命令的放弃、重做、重复和终止；系统变量的概念和使用方法等）

【上机 1-3】 利用点的绝对坐标或相对坐标绘制如图 1-1 和图 1-2 所示图形。

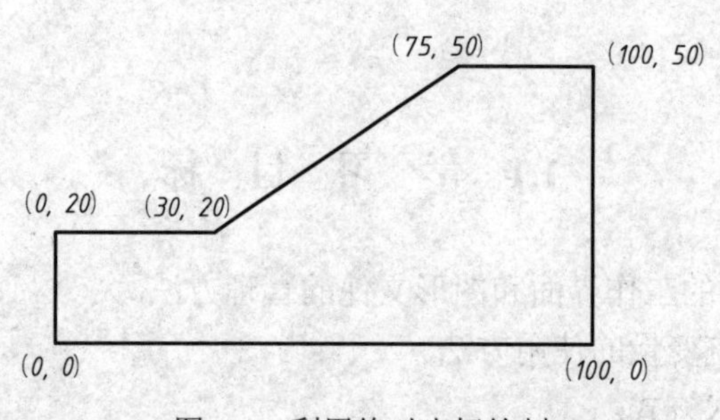

图 1-1 利用绝对坐标绘制

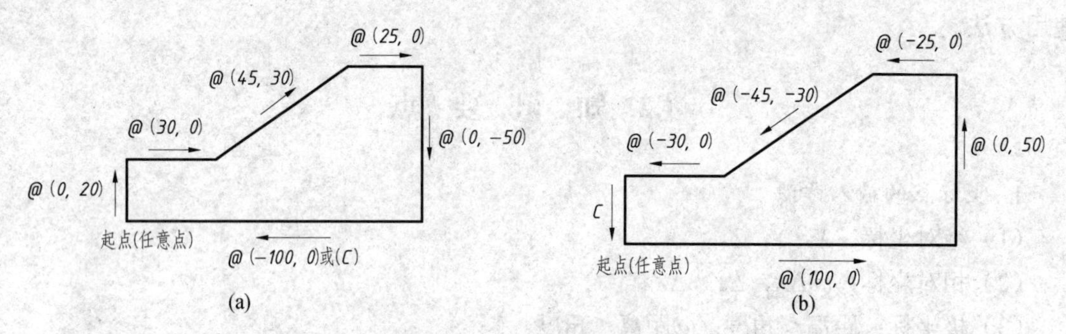

图 1-2 利用相对坐标绘制

（a）顺时针绘制；（b）逆时针绘制

【上机 1-4】 利用点的直角坐标或相对极坐标绘制如图 1-3 所示图形。

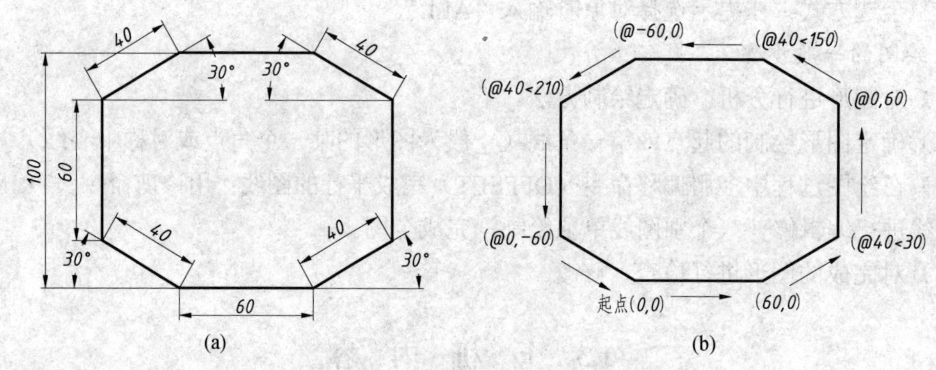

图 1-3 利用点的直角坐标或相对极坐标绘制图形

（a）原图；（b）绘图过程

【上机 1-5】 利用矩形、修剪和偏移等命令绘制如图 1-4 所示图形。

提示

（1）利用矩形命令中的“圆角”选项设置矩形的圆角半径为 10，绘制 80×50 的矩形。
（2）根据图中尺寸计算出各矩形左下角坐标，再利用相对坐标进行绘制。
（3）利用矩形命令中的“倒角”选项设置倒角距离为 3，绘制 20×20 的矩形。
（4）也可以利用对称中心线，根据尺寸用偏移命令进行绘制。

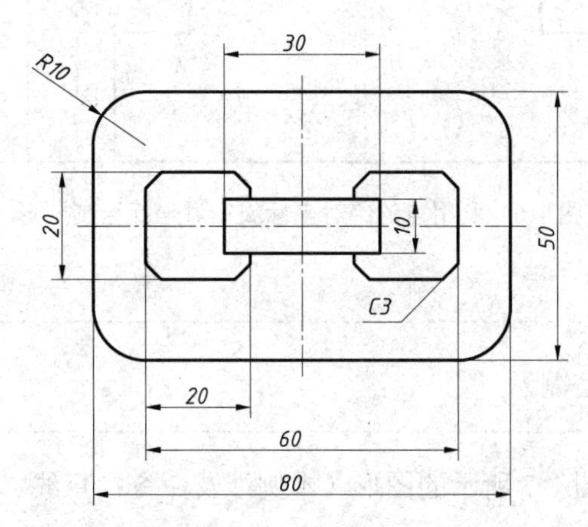

图 1-4　利用矩形（RECTANG）和修剪（TRIM）命令绘制图形

【上机 1-6】 利用矩形、分解、偏移、修剪等命令绘制如图 1-5 所示图形。

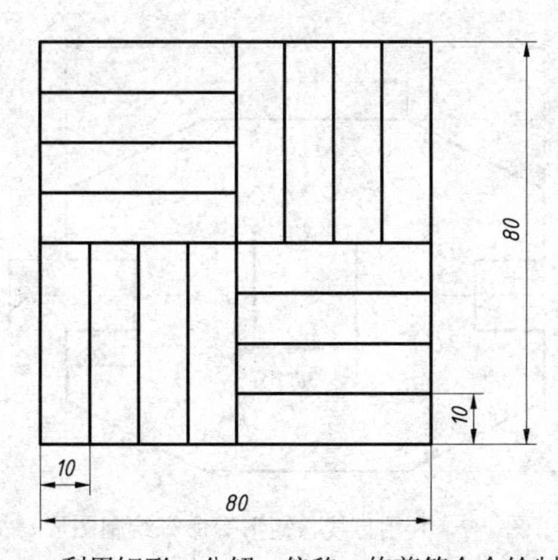

图 1-5　利用矩形、分解、偏移、修剪等命令绘制图形

1.4 课 后 练 习

【练习 1-1】 利用点的绝对坐标或相对坐标绘制如图 1-6 所示图形。

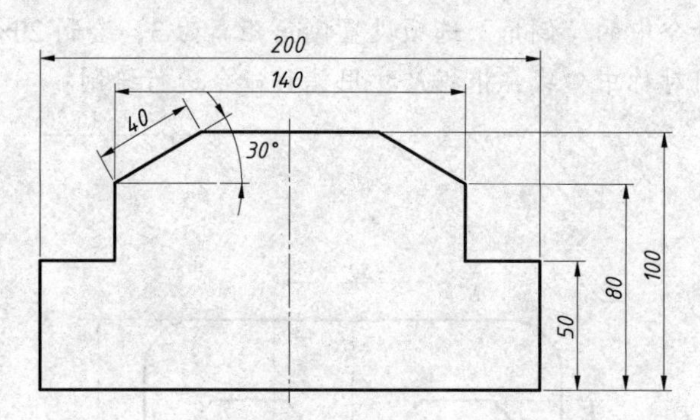

图 1-6 利用点的绝对坐标或相对坐标绘制图形

说 明

对称中心线可以不绘制。

【练习 1-2】 绘制如图 1-7 所示的图形（本例涉及命令：直线、矩形等）。

提 示

斜边可以用相对极坐标命令画，也可以先画出四边形后，按尺寸进行修剪再连成斜线。

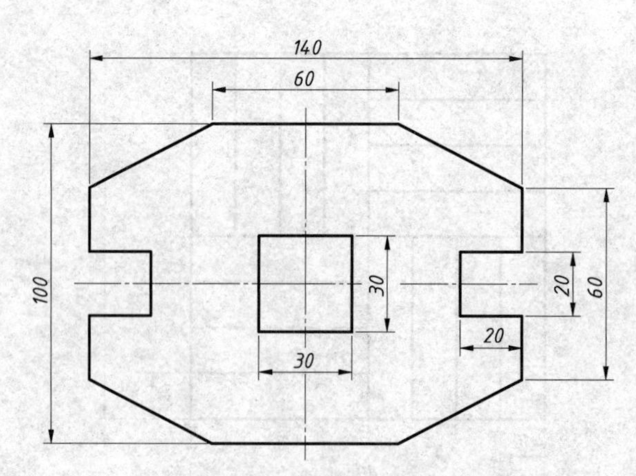

图 1-7 利用直线、矩形等命令绘制图形

说 明

对称中心线可以不绘制。

【练习 1-3】 绘制如图 1-8 所示的图形（本例涉及命令：直线、偏移、修剪）。

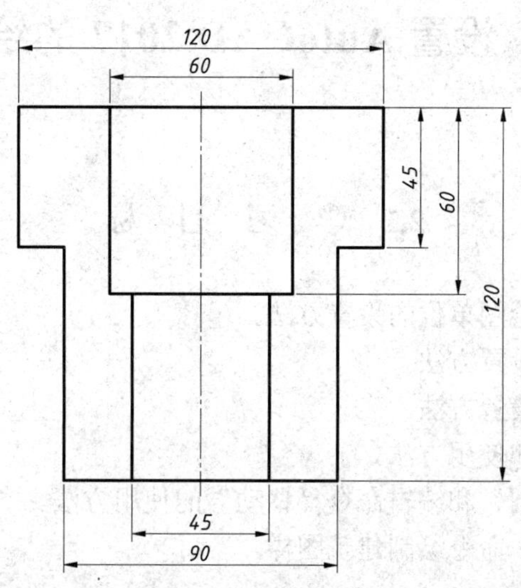

图 1-8　利用直线、偏移、修剪等命令绘制图形

第2章　设置AutoCAD 2017的绘图环境

2.1 学 习 目 标

（1）学习绘图界限和绘图单位的设置方法。

（2）学习绘图状态的设置方法。

（3）学习对象特性的设置方法。

（4）学习图层的设置和使用方法。

（5）学习绘图命令“圆”和编辑命令“移动”的使用方法。

（6）学习应用“多线”命令绘制建筑图样。

2.2 知 识 要 点

1. 关于“绘图界限”和“绘图单位”

（1）“绘图界限”就是制图标准中的“图幅”，可根据需要设置，默认为A3图幅。

（2）绘图单位根据自己所学专业的不同、所绘制的图形的不同，自行进行设置。

2. 关于“绘图状态”

（1）一般只有在绘制轴测图或草图时才使用“栅格”和“捕捉”。

（2）在绘图过程中灵活使用“正交”“极轴”“对象捕捉”“对象捕捉追踪”等绘图状态将会提高绘图效率。

（3）只有在状态栏中的“线宽”按钮被打开（按下）状态时，才会显示线宽。

（4）状态栏中的“对象捕捉”按钮为“自动捕捉”按钮，其中最常设置项为“端点”“交点”“圆心”。注意不要设置的太多，否则会相互干涉影响绘图。

（5）用鼠标右键点击状态栏的按钮可以快速打开该项的设置对话框。

3. 关于“图层”的使用

（1）一般对象的特性（如线型、颜色、线宽等内容）是通过图层设置的，同一图层的线条的特性是一样的，不要在同一图层中为不同线条设置不同的特性，这样不利于图形的修改。

（2）灵活使用图层中的“打开/关闭”“锁定”“冻结”等属性有利于图形的选择和编辑。

4. 关于绘制平面图形的方法

（1）分析图形的构成和线段（或圆弧）。

（2）画图步骤是：先画定位线，再画已知线段或圆弧，最后画连接线段或圆弧。

（3）要注意：找出连接弧的圆心位置，以保证准确的画出连接弧，常用的命令是“圆”命令中的“T”选项。

2.3 上 机 内 容

【上机 2-1】 请按以下要求完成绘图环境的设置。

（1）创建一个新的图形文件，保存为“A3.dwg”。

（2）设置绘图界限为（420，297）。

（3）设置单位。

“图形单位”对话框如图 2-1 所示，“方向控制”对话框如图 2-2 所示。

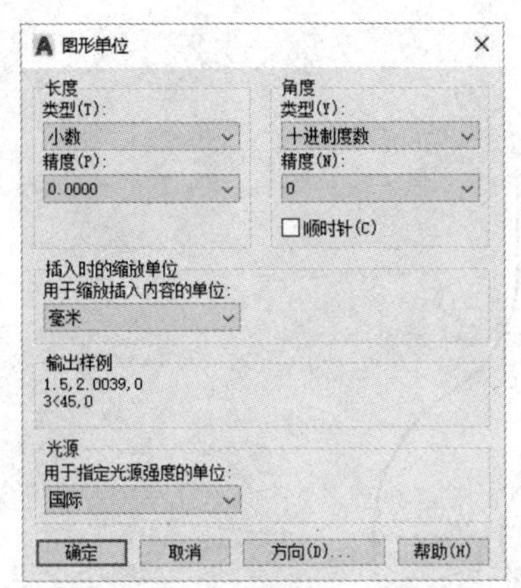

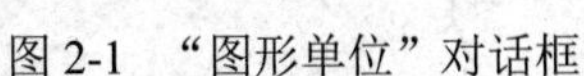
图 2-1 “图形单位”对话框

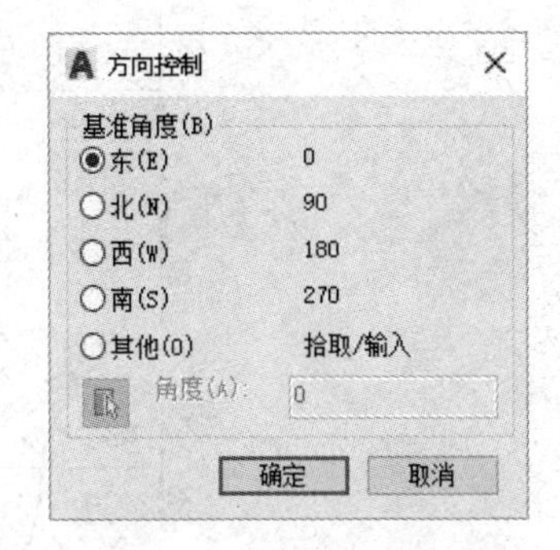

图 2-2 “方向控制”对话框

（4）打开“图层特性管理器”对话框创建图层。图层属性设置见表 2-1。

表 2-1　图 层 属 性 设 置

图层名	颜色	线型	线宽
粗实线层	绿色	continuous	0.35mm
细实线层	黑色（白色）	continuous	默认
尺寸线层	蓝色（白色）	continuous	默认
点划线层	红色	center	默认
虚线层	黄色	hidden	默认
文本层	黑色（白色）	continuous	默认

注：细实线层、尺寸线层、文本层颜色的设置应与背景颜色相反。

（5）设置线型的“全局比例因子”为 0.5。

（6）打开“草图设置”对话框，对自动捕捉进行设置。设置自动捕捉项目为：端点、圆心、交点、垂足、中点、切点。

（7）保存。

【上机 2-2】 打开“A3.dwg”，熟悉图层属性的设置与特点。

【上机 2-3】 利用 A3.dwg 图基本设置和直线、圆命令绘制如图 2-3 所示的图形。

【上机 2-4】 利用 A3.dwg 图基本设置和直线、圆等命令绘制如图 2-4 所示的图形。

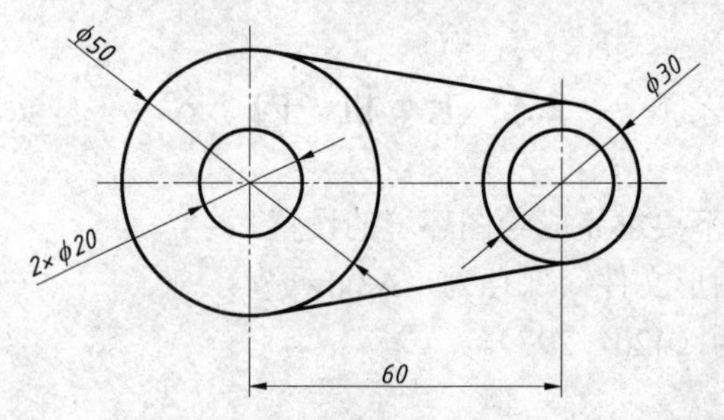

图 2-3 利用 A3 图基本设置和直线、圆命令绘制图形

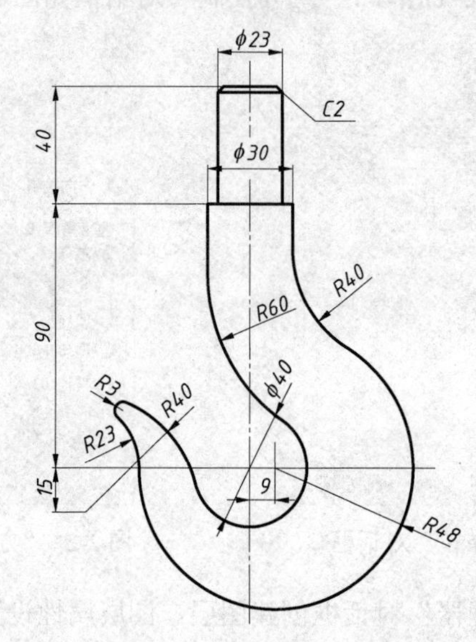

图 2-4 利用 A3 图基本设置和直线、画圆命令绘制图形

提 示

（1）先画定位线，确定各个主要尺寸的位置，如图 2-5 所示。

（2）应用直线、圆命令和偏移命令画出已知的线段或圆弧，如图 2-6 所示。

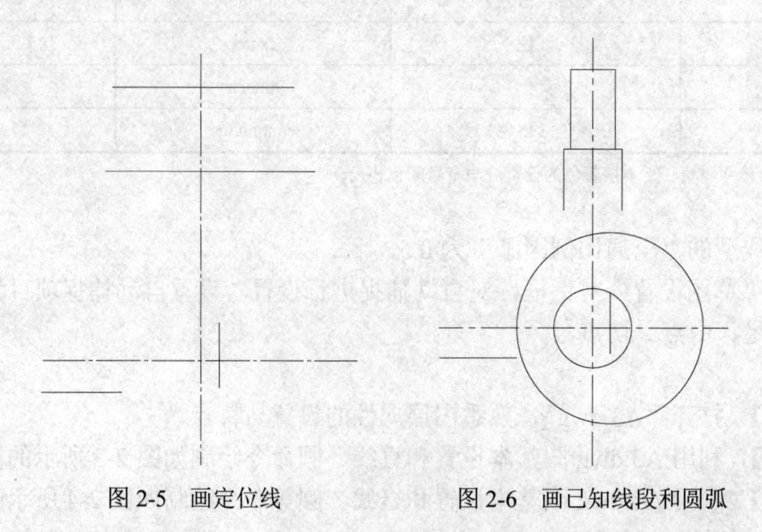

图 2-5 画定位线　　图 2-6 画已知线段和圆弧

（3）　画连接圆弧。

① 用圆命令中的“T”选项画出半径为 40、60 的连接弧。

② 以 O 点为圆心，以 60（20+40）为半径画圆交于 O_1，画出半径为 40 的圆弧，进行修剪，如图 2-7（b）、（c）所示。

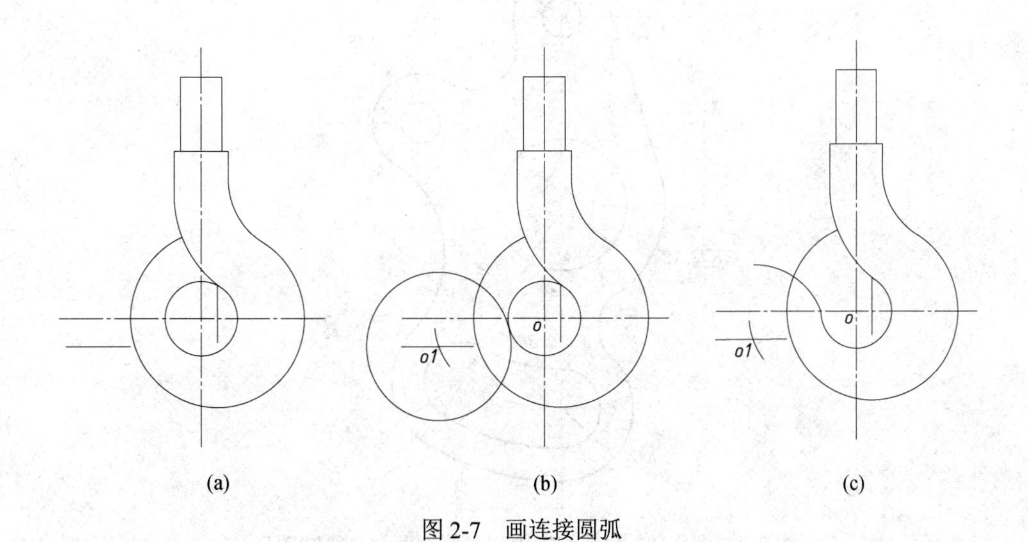

图 2-7　画连接圆弧

（4）　绘制其他部分圆弧。

① 以 O_2 为圆心，71（48+23）为半径画圆交于 O_3，画出半径为 23 的圆弧，进行修剪。如图 2-8（a）所示。

② 用圆命令中的“T”选项画出半径为 3 的连接弧，并进行修剪。再作出上端的倒角。如图 2-8（b）、（c）所示。

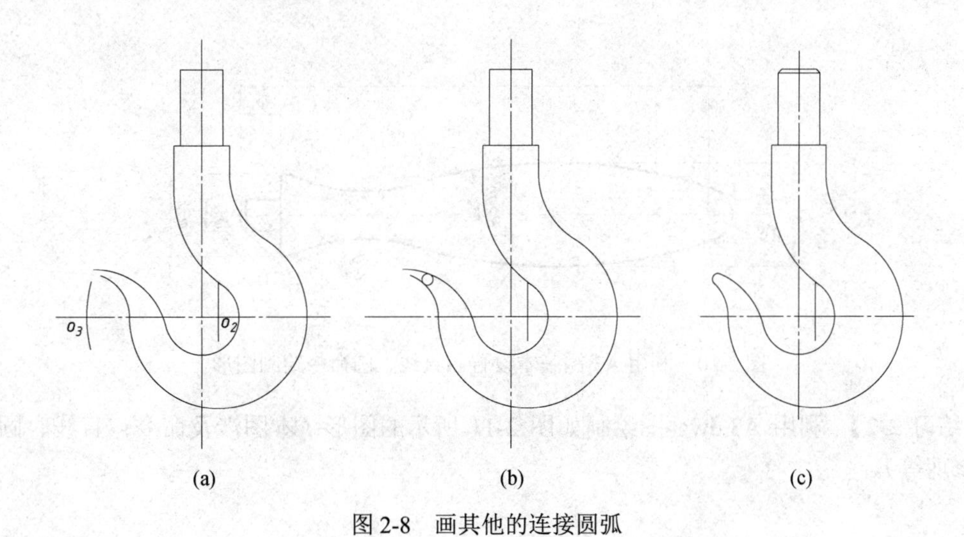

图 2-8　画其他的连接圆弧

【上机 2-5】 利用 A3.dwg 图基本设置和直线、圆等命令绘制如图 2-9 所示的图形。

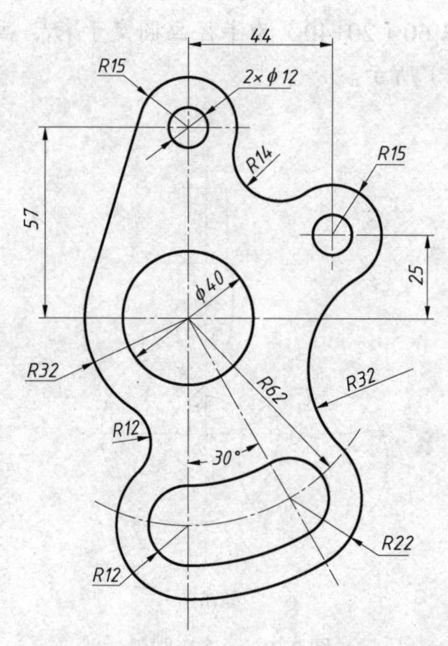

图 2-9 利用 A3 图基本设置和直线、圆命令绘制图形

2.4 课 后 练 习

【练习 2-1】 利用 A3.dwg 图绘制如图 2-10 所示的图形（本图涉及命令：直线、圆、偏移、修剪等）。

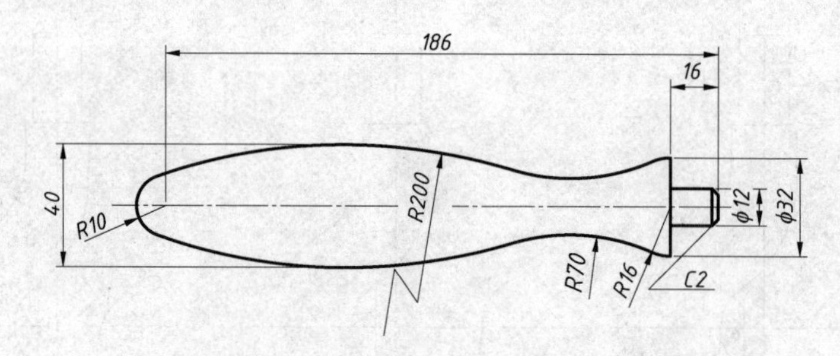

图 2-10 利用 A3 图基本设置和直线、圆命令绘制图形

【练习 2-2】 利用 A3.dwg 图绘制如图 2-11 所示的图形（本图涉及命令：直线、圆、偏移、修剪等）。

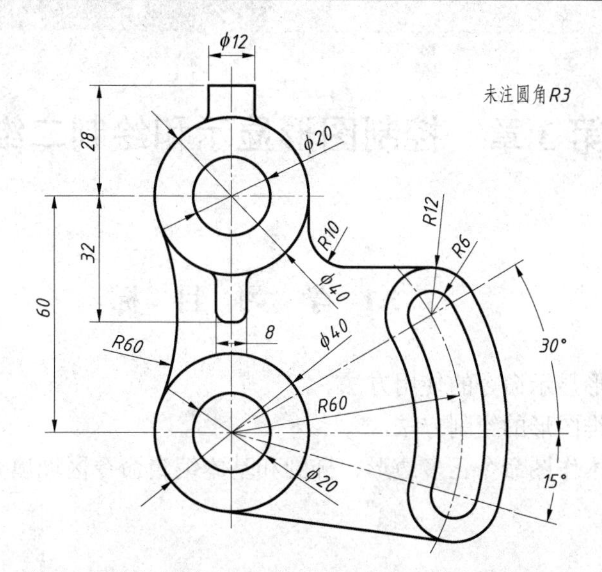

图 2-11　利用 A3 图基本设置和直线、圆、偏移、修剪等命令绘制

【练习 2-3】 应用多线命令，绘制如图 2-12 所示的房屋建筑图形。

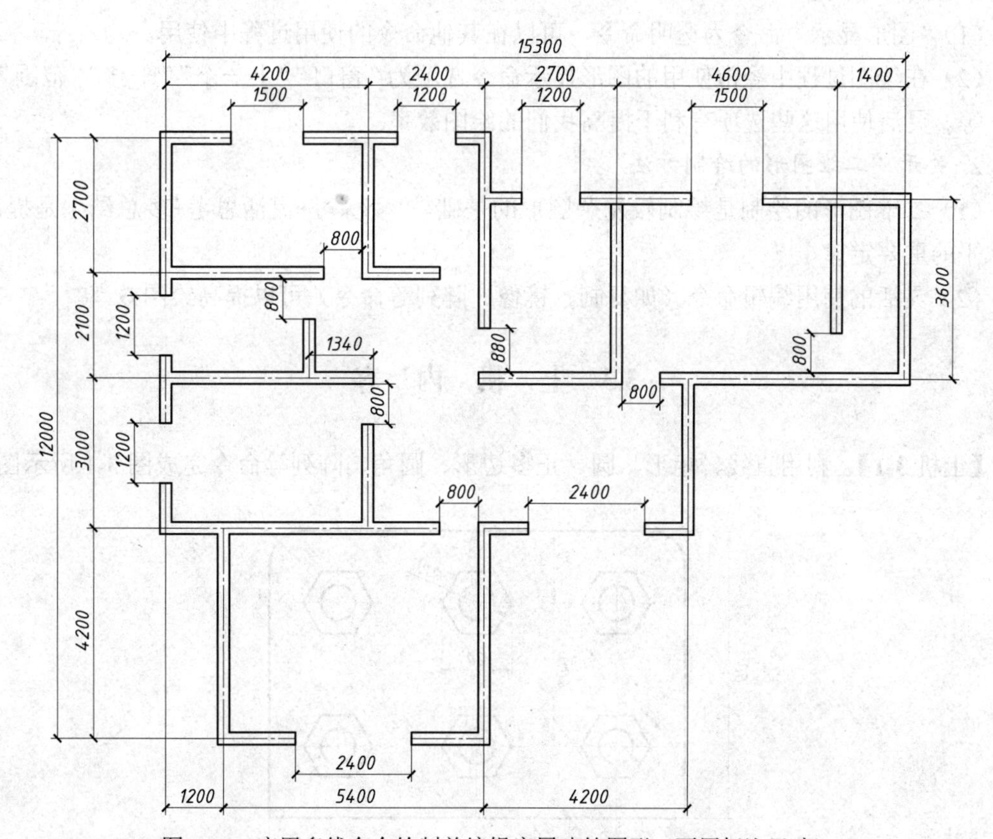

图 2-12　应用多线命令绘制并编辑房屋建筑图形（不用标注尺寸）

第 3 章　控制图形显示和绘制二维图形

3.1　学　习　目　标

（1）学习图形显示命令的使用方法。

（2）学习二维图形的绘制方法。

（3）学习基本作图命令正多边形、椭圆和基本编辑命令区域填充、阵列、圆角、复制、镜像的使用方法。

3.2　知　识　要　点

1. 关于“图形显示”

（1）“图形显示”命令为透明命令，可以在其他命令的使用过程中使用。

（2）在绘图过程中经常使用的图形显示命令选项为“窗口”“上一个”“平移”“范围”“实时”等。灵活使用这些选项有利于提高我们的绘图效率。

2. 关于“二维图形的绘制方法”

（1）二维图形的绘制是绘制较复杂图形的基础。“多练习+灵活思考+多总结”是提高绘图水平的重要定律。

（2）灵活的使用编辑命令（如复制、镜像、阵列等命令）可以提高绘图效率。

3.3　上　机　内　容

【上机 3-1】 利用直线、矩形、圆、正多边形、圆角、阵列等命令完成图 3-1 所示图形。

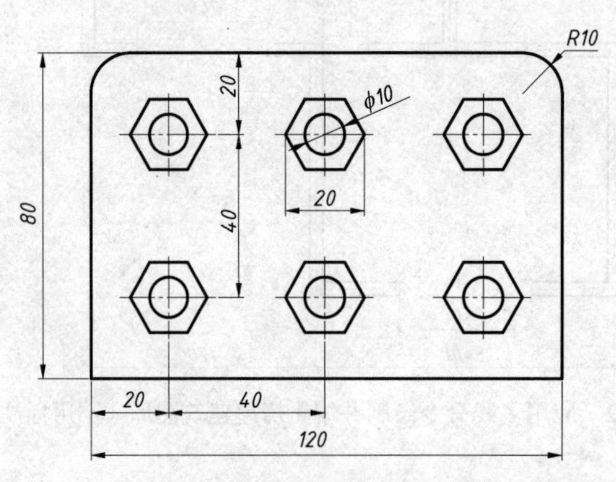

图 3-1　正多边形、圆角、矩形、阵列等命令的使用

提 示

此题进行阵列时，要注意行间距和列间距的正、负值。

【上机 3-2】 利用直线、圆、椭圆、圆角、阵列等命令完成如图 3-2 所示图形。

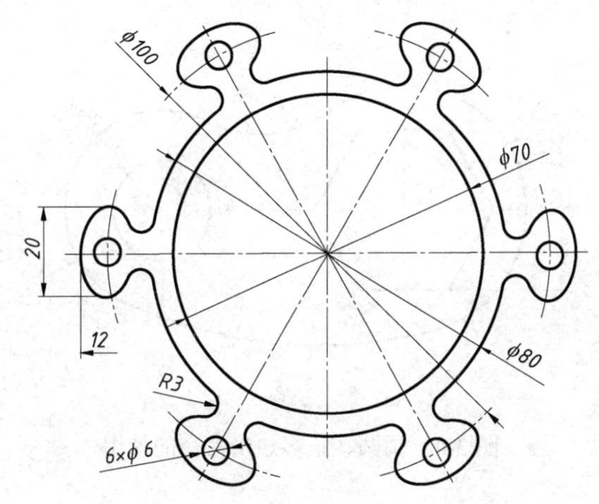

图 3-2　椭圆、圆角、环形阵列等命令的使用

提 示

（1）画出一个椭圆图形后进行阵列，阵列时要将点画线一起选取。
（2）$R3$ 用圆角命令绘制。

【上机 3-3】 利用直线、圆、椭圆、复制、镜像等命令完成如图 3-3 所示的图形。

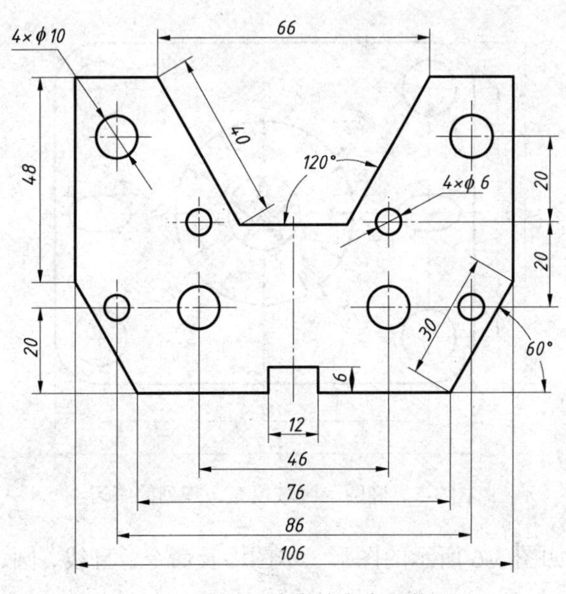

图 3-3　复制、镜像等命令的使用

3.4 课 后 练 习

【练习 3-1】 应用直线、圆、正多边形等命令，绘制如图 3-4 所示的图形。

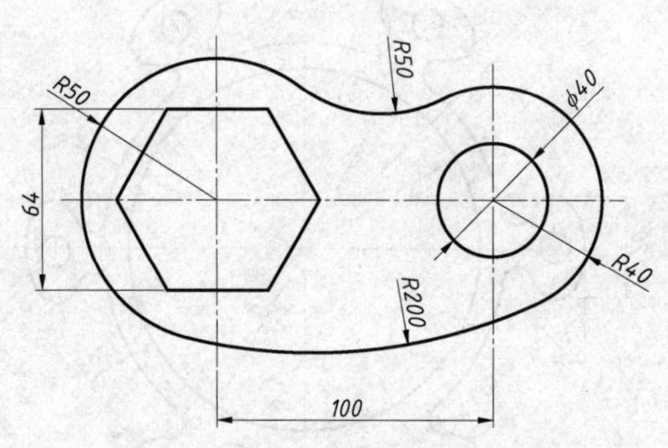

图 3-4 画圆、正多边形命令的使用

提 示

两段连接弧（*R*50、*R*200）用圆命令中"T"选项绘制。

【练习 3-2】 应用直线、圆、椭圆、偏移、修剪、倒圆角、区域填充、阵列等命令绘制如图 3-5 所示的图形。

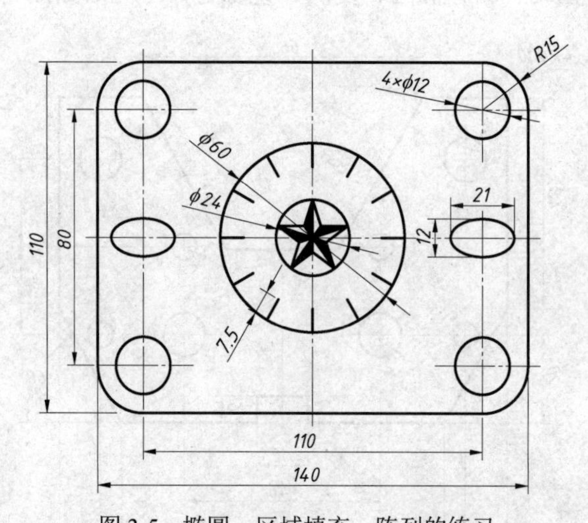

图 3-5 椭圆、区域填充、阵列的练习

【练习 3-3】 绘制如图 3-6 所示的图形（本图涉及命令：直线、圆、偏移、修剪、倒圆角、镜像等）。

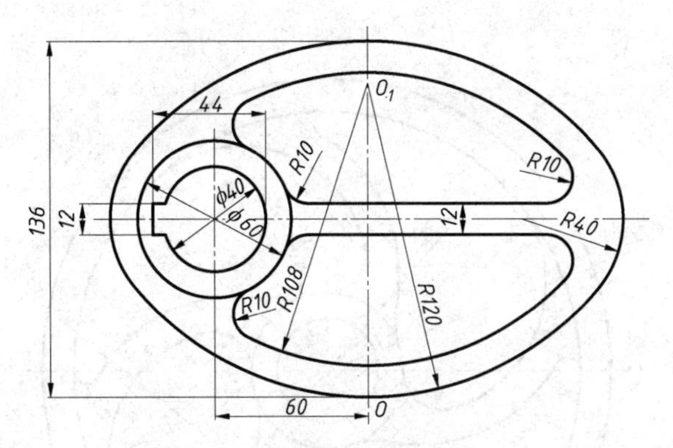

图3-6 平面图形的绘制练习

提示

（1）首先以对称中心线为基准画出上下136的两条直线。

（2）在垂直中心线上，以 O 点为基准画出 $R120$ 的线段交于 O_1 点，O_1 点作为 $R120$ 轮廓线的圆心（上下对称画出）。

（3）两端 $R40$ 的圆弧用圆命令中“T”选项画出。

【练习3-4】 绘制如图3-7所示的图形（本图涉及命令：直线、圆、修剪、偏移、阵列等）。

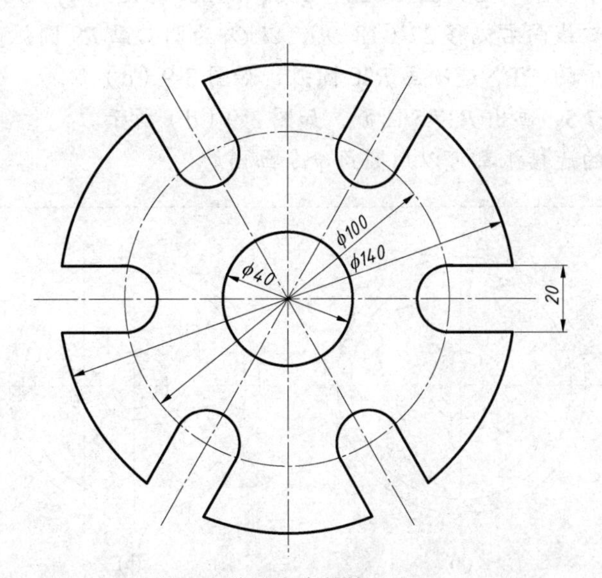

图3-7 阵列命令的练习（一）

【练习3-5】 绘制如图3-8所示的图形（本图涉及命令：直线、圆、修剪、偏移、倒圆角、阵列等）。

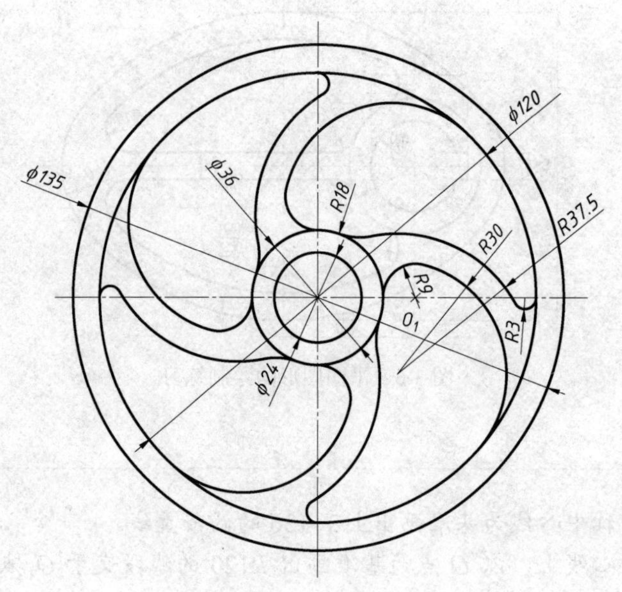

图 3-8 阵列命令的练习（二）

提 示

该图形可以先画出一条肋板，然后再进行阵列。绘制步骤为：

（1）画出对称中心线和已知圆（ϕ24、ϕ36、ϕ120、ϕ135）等尺寸。

（2）将垂直中心线向右偏移 27（18+9），以 O_1 为圆心画 *R*9 圆弧。

（3）用圆命令中的“T”选项画 *R*30 圆弧，如图 3-9（c）。

（4）向上偏移 7.5，画出 *R*37.5 圆弧，如图 3-9（d）所示。

（5）*R*18、*R*3 的连接弧都可以用圆角命令画出。

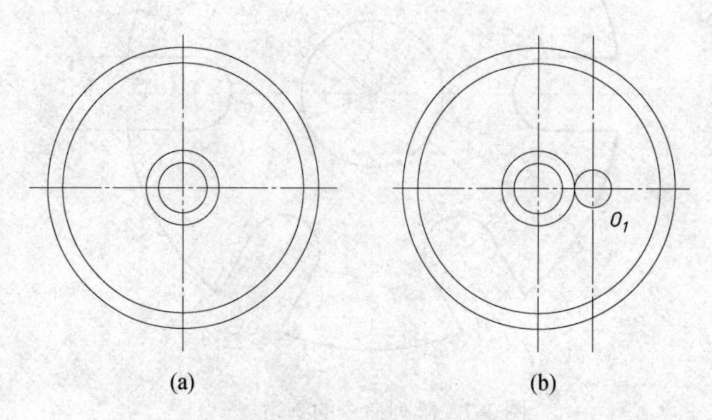

图 3-9 阵列命令的练习绘制过程（一）

（a）画出对称中心线和已知圆；（b）偏移中心线，画 *R*9 圆弧

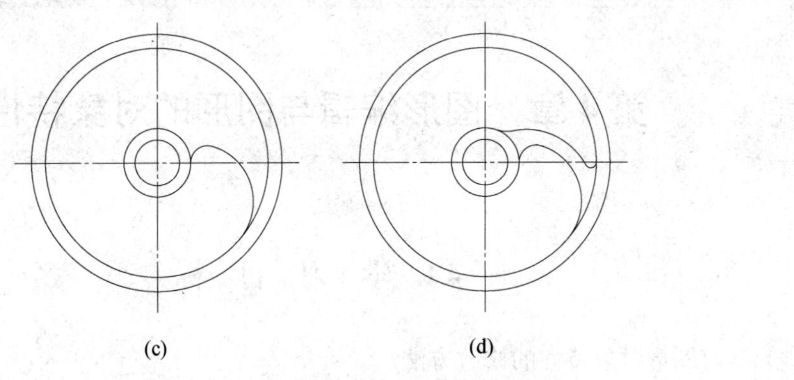

图 3-9　阵列命令的练习绘制过程（二）

（c）画 R30 圆弧；（d）画 R37.5、R18、R3 圆弧

第 4 章　图形编辑与图形的对象特性

4.1　学　习　目　标

（1）学习图形对象特性的修改方法。

（2）学习三视图和轴测图的绘制方法。

（3）学习基本作图命令：构造线、射线和基本编辑命令：旋转、对齐、拉伸、延伸、缩放、拉长、打断等的使用方法。

4.2　知　识　要　点

1. 关于“规范的图形”

在国家标准中要求点画线超出轮廓线 2～5mm。因此，在绘制完成图形之后应利用图形“拉长命令（LENGTHEN）”中的“增量（DE）”选项较精确地完成该项要求。也可以利用“打断”命令或拖动夹点的方法粗略完成。

2. 关于“图形对象特性的修改方法”

（1）“对象特性匹配”：主要用于将一种图线的特性传递绘另一种图线。

（2）“对象特性窗口”：几乎可以修改图线对象的各种属性。也是经常使用的一种属性修改方法。但不能修改图线对象的“标高”和“厚度”。

（3）“CHANGE 命令”：可以修改图线对象的颜色（C）、标高（E）、图层（LA）、线型（LT）、线型比例（S）、线宽（LW）和厚度（T）。

3. 三视图的绘制

（1）三视图中单个图形的绘制与前面所学的二维图形绘制方法相同。只是在绘制过程中要注意三视图之间的投影对应关系“长对正”“高平齐”“宽相等”的使用。

（2）三视图的绘制方法除了使用“构造线（XLINE）”“射线（RAY）”来保证其投影对应关系外，还可以使用其他方法，如利用“对象捕捉”和“正交”按钮来保证“长对正”和“高平齐”；利用对齐、复制等命令来保证“宽相等”的方法绘制三视图。

4. 轴测图的绘制

（1）轴测图是在一个轴测投影面上同时反映物体长、宽、高三个方向的尺寸，具有较好的立体感。特点是看图容易，但画图较困难。

（2）绘制正等轴测图必须要确定作图平面。

（3）在正等轴测图中绘制圆要将“捕捉”设置为“等轴测捕捉”，且使用椭圆命令。

（4）正等轴测图的尺寸标注应使用“对齐”标注命令。标注后，再用“DIMEDIT”命令将尺寸倾斜一定的角度，使之与正等轴测图有相同的视角。并将文字也倾斜相应的角度（30°或–30°）。

4.3　上　机　内　容

【上机 4-1】 完成如图 4-1 所示的三视图。

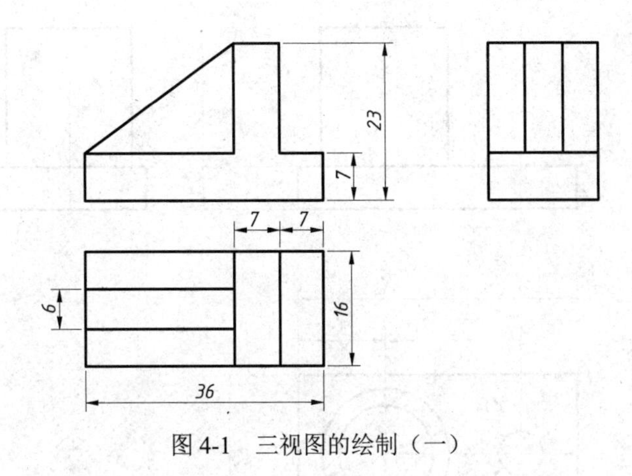

图 4-1　三视图的绘制（一）

【上机 4-2】 完成如图 4-2 所示的三视图。

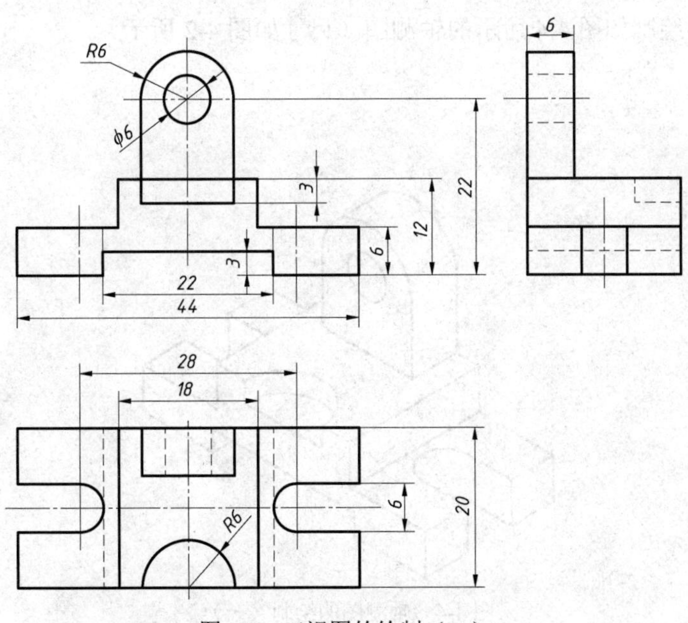

图 4-2　三视图的绘制（二）

【上机 4-3】 完成如图 4-3 所示的三视图。

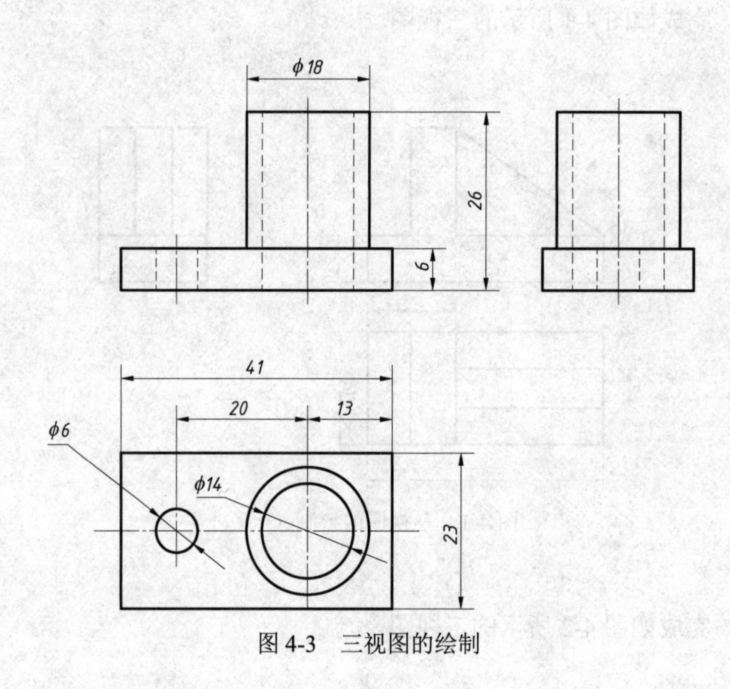

图 4-3 三视图的绘制

【上机 4-4】 绘制如图 4-4 所示的轴测图（尺寸如图 4-2 所示）。

图 4-4 轴测图的绘制（一）

【上机 4-5】 绘制如图 4-5 所示的轴测图。

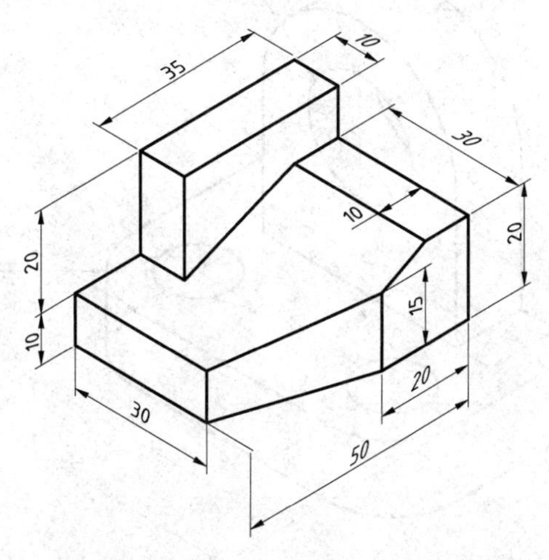

图 4-5　轴测图的绘制（二）

【上机 4-6】 绘制如图 4-6 所示的轴测图。

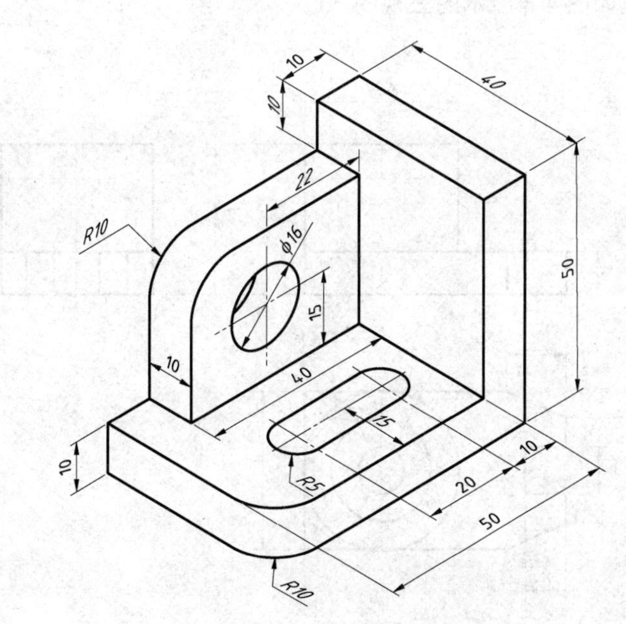

图 4-6　轴测图的绘制（三）

【上机 4-7】 绘制如图 4-7 所示的轴测图。

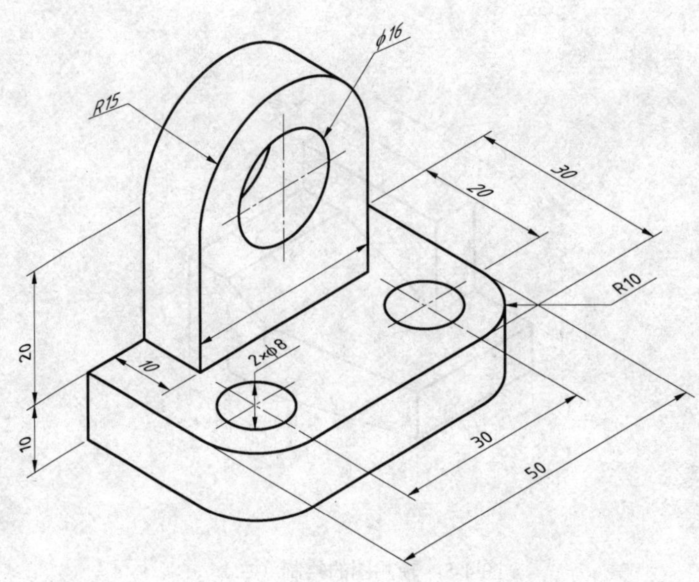

图 4-7 轴测图的绘制（四）

4.4 课 后 练 习

【练习 4-1】 完成如图 4-8 所示的三视图。

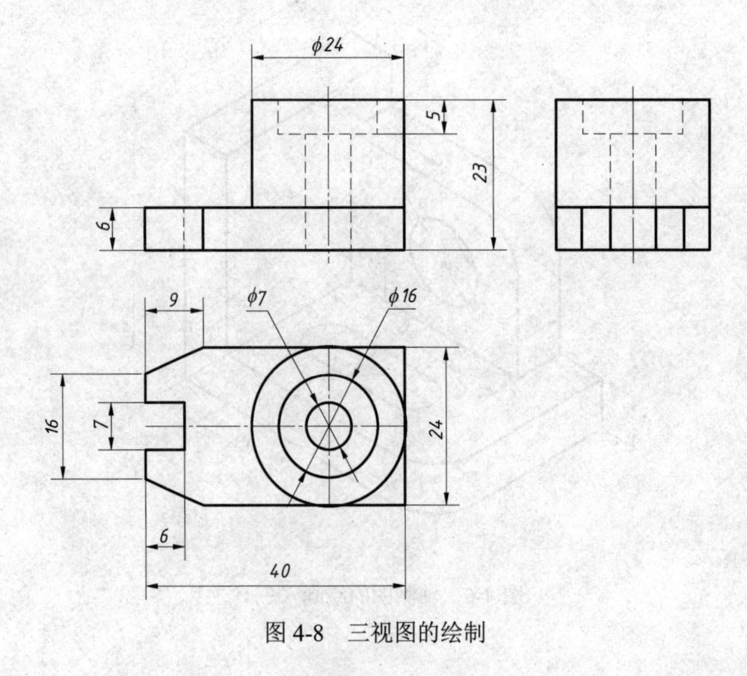

图 4-8 三视图的绘制

【练习 4-2】 完成如图 4-9 所示的三视图并画出轴测图。

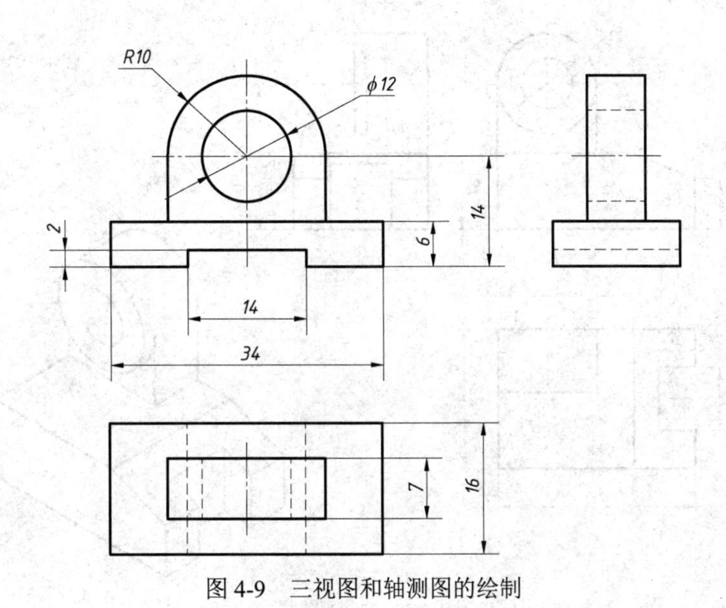

图 4-9　三视图和轴测图的绘制

【练习 4-3】 完成如图 4-10 所示的三视图并画出轴测图。

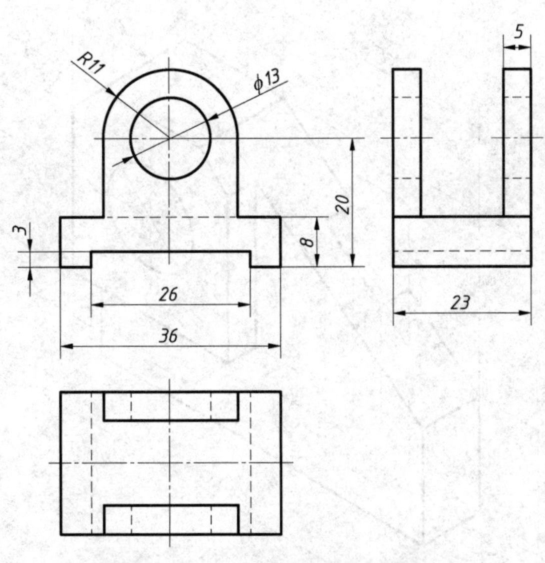

图 4-10　三视图和轴测图的绘制图

【练习 4-4】 抄画如图 4-11 所示的图样。

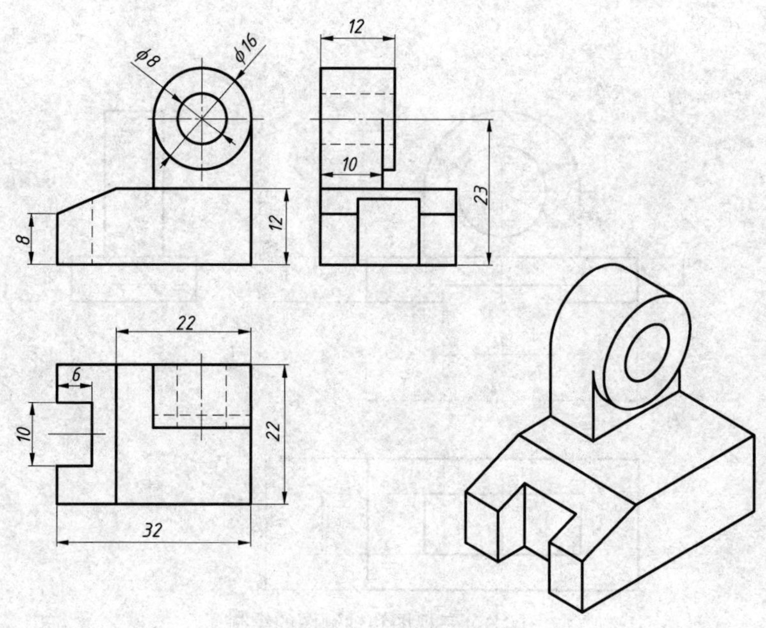

图 4-11　抄画图样

【练习 4-5】 画出如图 4-12 所示的轴测图。

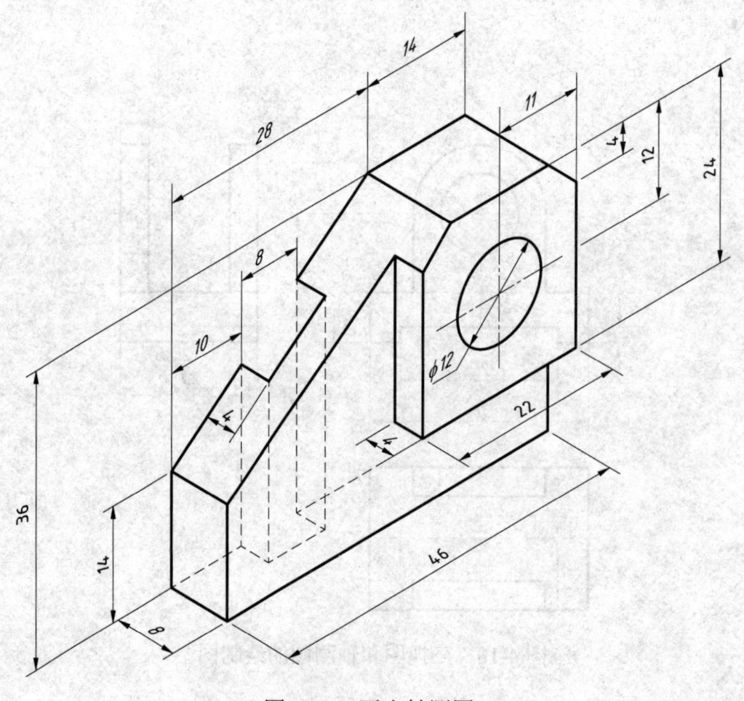

图 4-12　画出轴测图

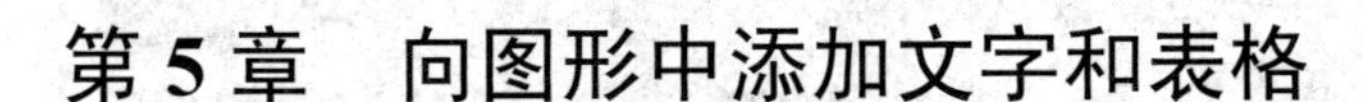

第5章 向图形中添加文字和表格

5.1 学 习 目 标

（1）学习文字样式的设置方法。

（2）学习单行文字、多行文字的标注方法。

（3）学习文字编辑（DDEDIT 编辑、右键编辑、属性编辑）的方法。

（4）学习用创建表格的方法绘制标题栏。

5.2 知 识 要 点

1. 关于“文字样式”的设置

在 AutoCAD 2017 中，打开“文字样式”对话框，采用默认的“Standard”设置，就可以满足一般的标注要求。也可以将文字样式“Standard”状态下的字体设置为新字体：“gbeitc.shx”。对于一些特殊符号要掌握其输入方法。

2. 关于“单行文字”和“多行文字”

“单行文字”的使用非常方便，可以在屏幕的任意位置进行输入，一般用于简短文本的输入；而“多行文字”对于格式的设置比较方便，而且可以进行字符和文本的导入，一般用于大段文本的输入和特殊字符的输入。

3. 关于“文字的编辑”

“文字的编辑”除了用于文字内容的修改外，还可以提高文字的输入效率。如在标题栏、明细栏的文字输入过程中利用文字的复制、修改的方法提高文字的输入效率。

4. 关于表格和编辑表格

利用表格功能，可以用创建表格来绘制标题栏、明细栏等其他带表格的文字内容。

5.3 上 机 内 容

【上机 5-1】 打开“文字样式”对话框，新建样式“用户”，具体设置如图 5-1 所示。

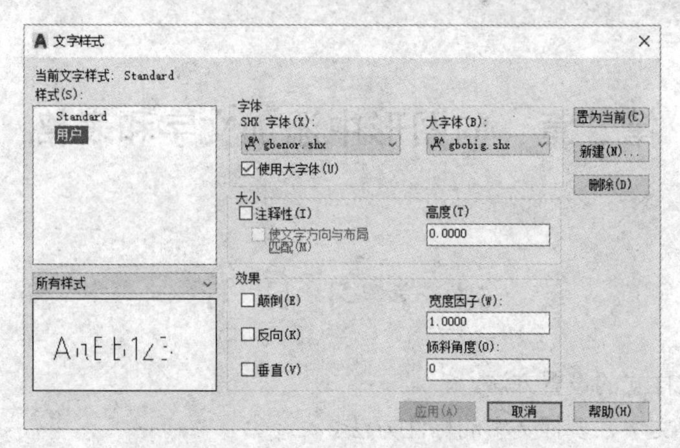

图 5-1 “文字样式”对话框

【上机 5-2】 绘制 A3 号图纸（420×297）的图框和标题栏，并为其添加文字内容。（其中，“图名”10 号字；“校名、专业”7 号字，其余 5 号字）。

标题栏内容如图 5-2 所示。

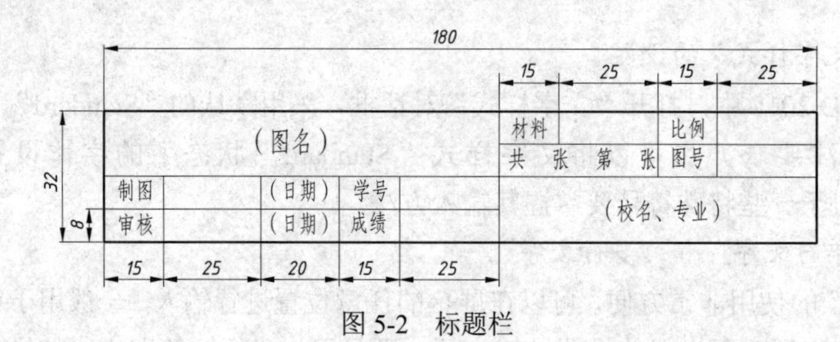

图 5-2 标题栏

【上机 5-3】 请在 AutoCAD 中利用表格命令完成表 5-1（表格尺寸、字高大小自定）。

表 5-1 齿 轮 参 数 表

法向模数	Mn	2
齿数	Z	80
径向变位系数	X	0.06
精度等级		8-DC
公法线长度	F	43.872±0.168

【上机 5-4】 请在 AutoCAD 中输入文字，如图 5-3 所示。

注 意

（1）“上划线”和“下划线”的输入应用单行文本；

（2）“深度符号”的使用中“下沉”符号的输入应用多行文本，使用“符号”—“其他”—在“GDT”字体中查找。或直接在“下沉”符号位置输入字母“x”（小写），选中并将它修改为“GDT”字体即可。

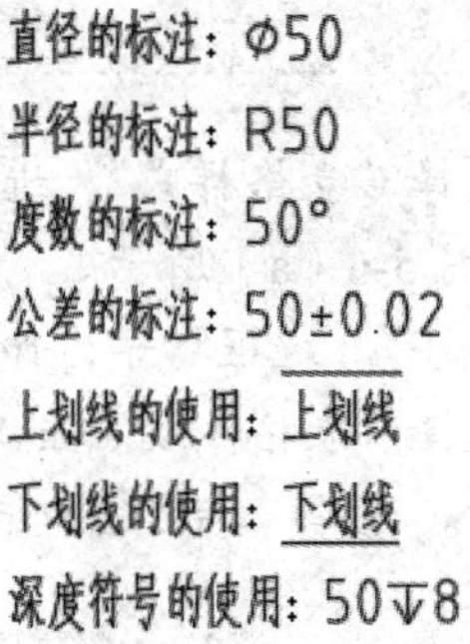

直径的标注：Ø50

半径的标注：R50

度数的标注：50°

公差的标注：50±0.02

上划线的使用：上划线

下划线的使用：下划线

深度符号的使用：50↧8

图 5-3　文本的输入

【上机 5-5】 在 AutoCAD 中输入一段文文字，然后利用文字编辑命令对其进行编辑。

（1）在绘图窗口分别用单行文本命令和多行文本命令输入：“AUTOCAD 实用教程”。并将其复制两份，如图 5-4 所示。

（2）利用 TEXTEDIT 命令编辑文本，将文本修改为：“AUTOCAD 中文版实用教程”。观察两种文本命令输入的文本修改是否相同。

（3）选择欲修改的文本，利用右键点击的方法进行编辑。

（4）选择欲修改的文本，利用对象特性窗口进行编辑。

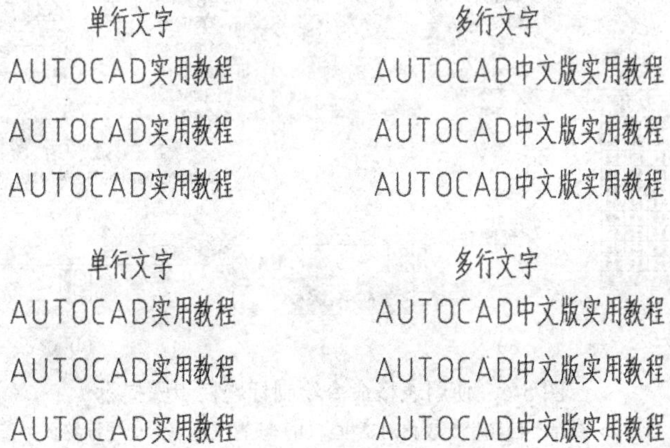

单行文字　多行文字

AUTOCAD实用教程　AUTOCAD中文版实用教程

AUTOCAD实用教程　AUTOCAD中文版实用教程

AUTOCAD实用教程　AUTOCAD中文版实用教程

单行文字　多行文字

AUTOCAD实用教程　AUTOCAD中文版实用教程

AUTOCAD实用教程　AUTOCAD中文版实用教程

AUTOCAD实用教程　AUTOCAD中文版实用教程

图 5-4　文本的编辑

【上机 5-6】 使用表格命令，绘制如图 5-5 所示的标题栏。

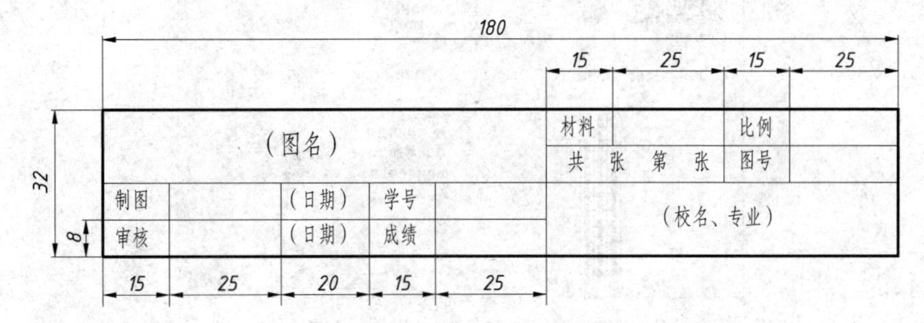

图 5-5　使用表格命令绘制标题栏

提 示

（1）由“格式”下拉菜单中选择“表格样式”，进行设置表格的样式。

① 新建“标题栏”表格，如图 5-6（a）所示。

② 设置表格内定“常规”“文字”“边框”等，如图 5-6（b）、（c）、（d）所示。

（2）由“绘图”下拉菜单中选择“表格”或点击工具栏中的图标，在“插入表格”对话框中进行设置，如图 5-7 所示。选择“指定窗口点”。

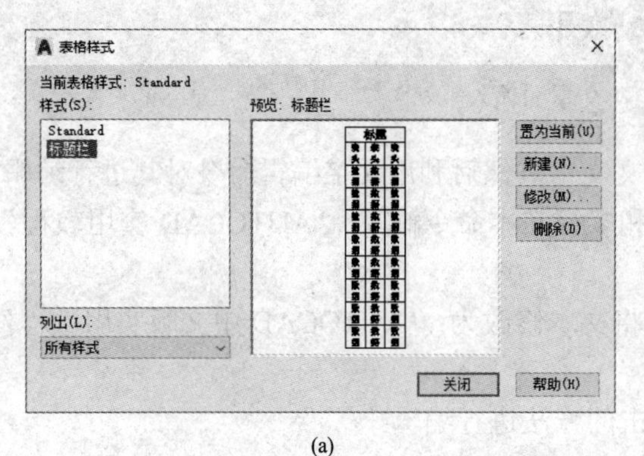

(a)

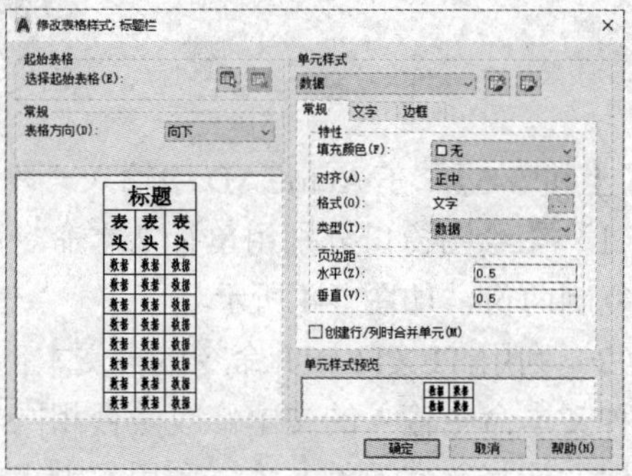

(b)

(c)　　(d)

图 5-6　使用表格命令绘制标题栏步骤提示

（a）新建“标题栏”表格对话框；（b）设置表格“常规”标签页；
（c）设置表格“文字”标签页；（d）设置表格“边框”标签页

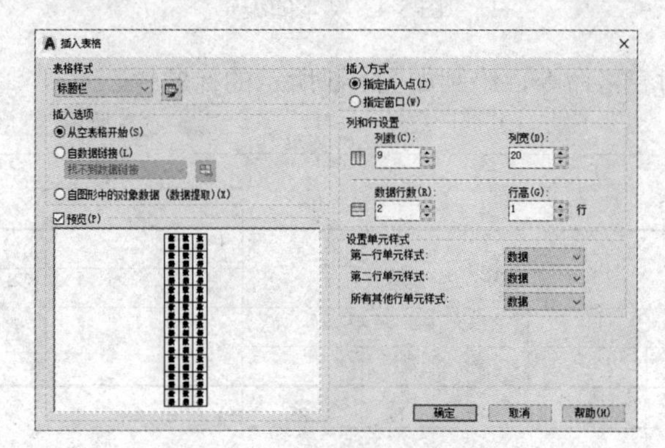

图 5-7　“插入表格”对话框

（3）在绘图区域画出表格的，如图 5-8 所示。

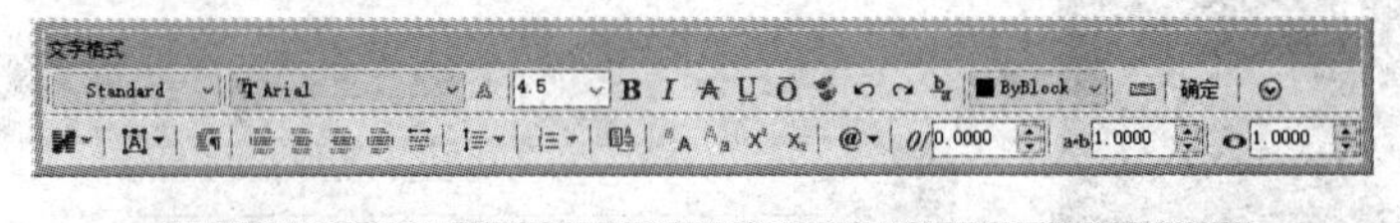

	A	B	C	D	E	F	G	H	I
1									
2									
3									
4									

图 5-8　绘制出的表格

（4）选中要编辑的单元格，单击右键，利用弹出的快捷菜单或选择“特性”等，可对表格进行“合并”等编辑，如图 5-9 所示。

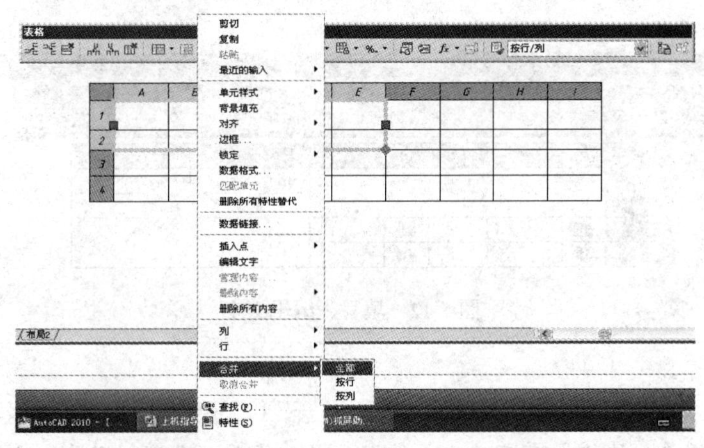

图 5-9　对表格进行编辑“合并”等操作

（5）利用“特性”对话框，对整个表格的数据进行修改（表格宽度 180、表格高度 32），如图 5-10 所示。

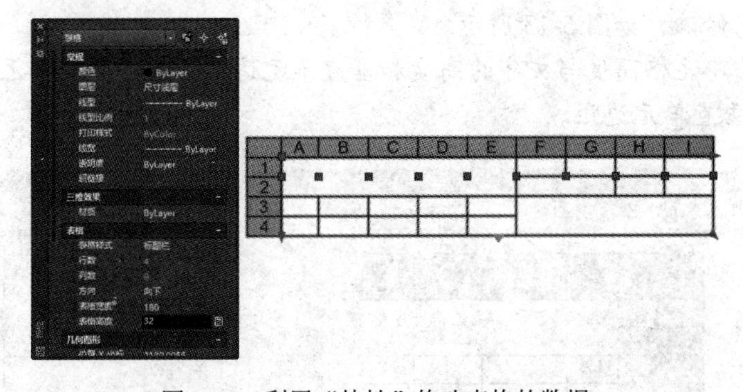

图 5-10　利用“特性”修改表格的数据

（6）利用“特性”对话框，对单元格的数据进行修改（单元宽度 15；单元高度 8；文字高度为 5；垂直单元边距为 0.5；对齐方式为正中。），如图 5-11 所示。

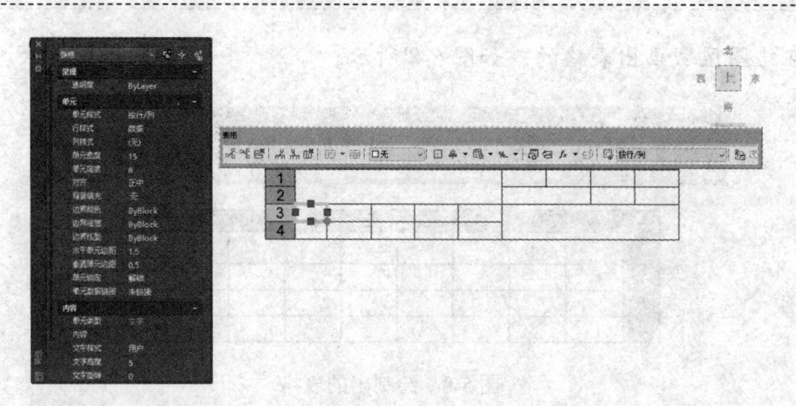

图 5-11　利用“特性”修改单元格的数据

（7）在表格的单元格中双击，弹出“文字格式”对话框，可填写、编辑文字，如图 5-12 所示。

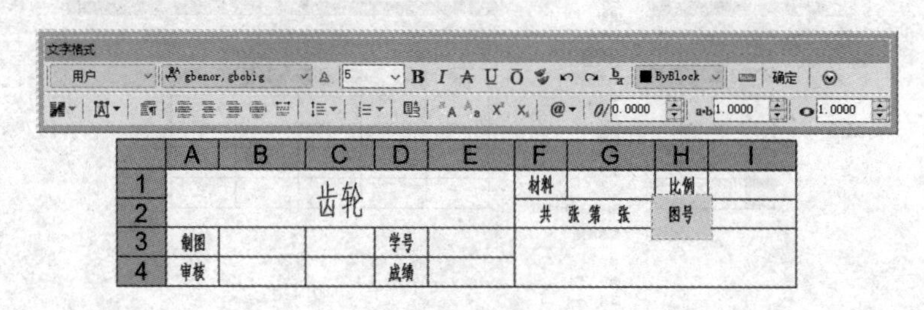

图 5-12　填写、编辑文字

注 意

（1）表格的单元格格式有百分比、常规、点、货币、角度、日期、十进制数、文字、角度等几种。默认格式为“常规”，系统会根据输入的内容自动判断内容的格式。当系统所判断的格式不符合要求时，用户可以手动修改。比如在输入比例值“1:1”时，系统会判断其格式为“日期”，因此显示效果不符合要求，此时可以“表格”即时工具栏中的格式下拉列表进行修改，如图 5-13 所示。

（2）表格中单元格高度与文字的高度和垂直单元边距有关，一般单元格最小高度=4*文字高度/3+2*垂直单元边距。

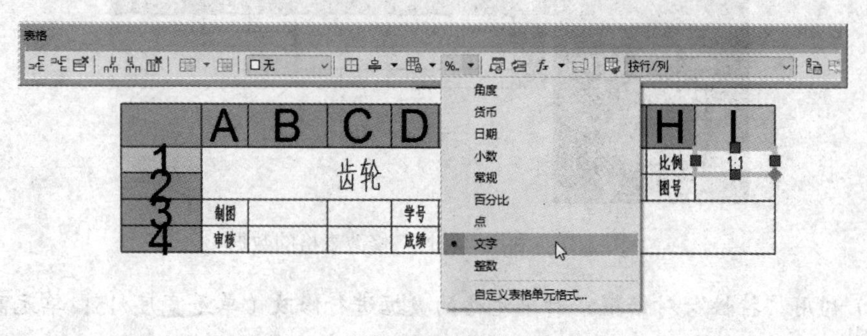

图 5-13　“修改表格样式”对话框

5.4　课　后　练　习

【练习 5-1】 在 AutoCAD 中利用文字的对齐选项完成如图 5-14 所示的内容（矩形尺寸：宽=120；高=60；字高为 10）。

左上TL　　中上TC　　右上TR

左中ML　　正中MC　　右中MR

左下BL　　中下BC　　右下BR

图 5-14　文字的对齐

【练习 5-2】 在 AutoCAD 中完成如图 5-15 所示的标题栏和明细栏。

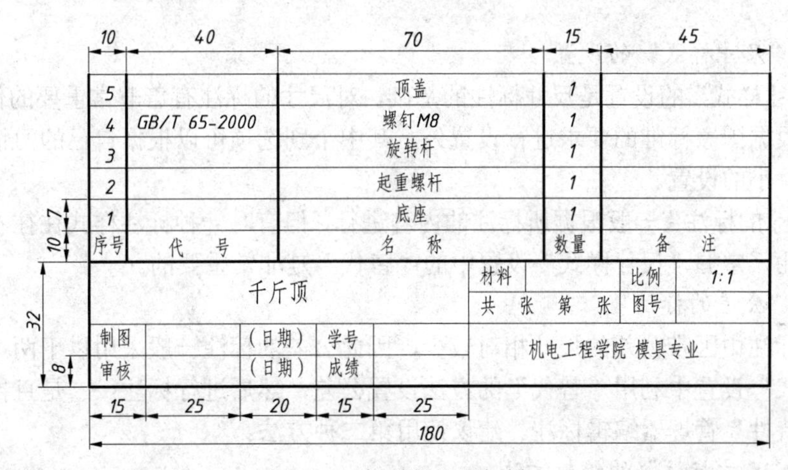

图 5-15　标题栏和明细栏

第6章 尺 寸 标 注

6.1 学 习 目 标

（1）学习尺寸标注的基本知识。

（2）学习尺寸标注样式的设置方法。

（3）学习各种尺寸的标注方法。

（4）学习尺寸标注的编辑方法。

6.2 知 识 要 点

1. 关于“尺寸样式”的设置

(1)“尺寸样式”的设置是尺寸标注的基础，对尺寸的标注有着非常重要的作用。在设置过程中除了根据国家标准的要求进行设置外，其中个别选项可以根据自己的习惯进行设置，如“箭头”大小的设置。

(2)“尺寸的标注”一般根据所标注的内容进行，但有时一种标注样式往往不能满足标注的需要，因此，掌握“尺寸样式”设置中的“替代”是非常重要的。

2. 关于“公差的标注”

在尺寸标注中因带公差的尺寸相对较少，因此公差的标注一般采用以下两种方法，一是在“尺寸样式”设置中利用“替代”的方法设置公差，然后进行标注；二是直接标注尺寸，然后利用“特性”管理器编辑标注。建议使用第二种方法。

3. 关于“尺寸标注”的编辑方法

在尺寸标注的编辑过程中，一般利用夹点的编辑进行尺寸位置的修改；而利用“特性”管理器或利用“标注”工具上的 进行尺寸内容的修改。

6.3 上 机 内 容

【上机 6-1】 建立“USER”标注样式。具体要求如图 6-1 所示。建立如图 6-2 所示用于角度标注的样式，设置文字栏如图 6-3 所示。

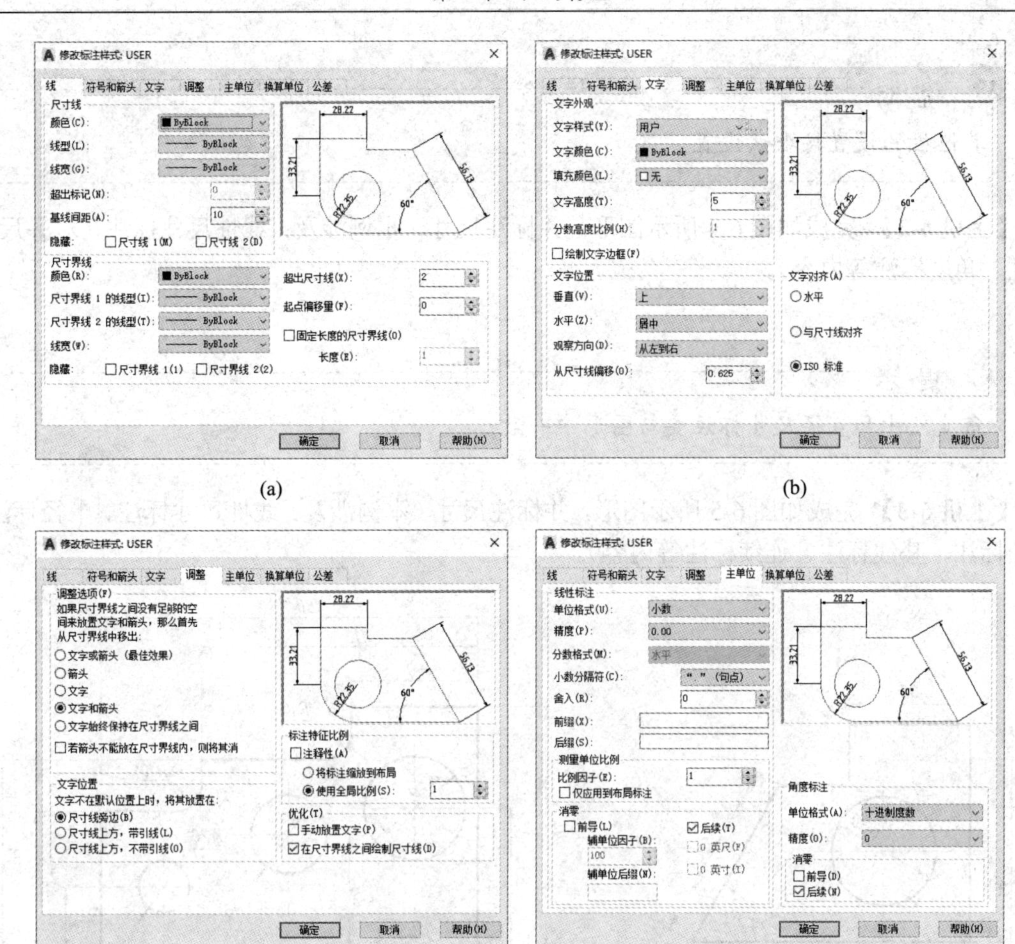

图 6-1　尺寸样式的设置

（a）线；（b）文字；（c）调整；（d）主单位

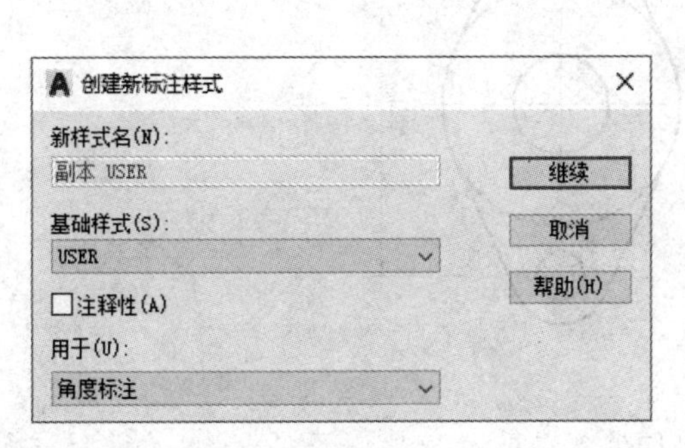

图 6-2　创建用于角度标注的样式

图 6-3　设置文字

说 明

其他栏的设置按默认设置。

【上机 6-2】 完成如图 6-4 所示图形，并标注尺寸（本例涉及：线性尺寸标注、对齐尺寸标注、角度标注等内容）。

提 示

角度尺寸和直径尺寸标注要与图形中一致。

【上机 6-3】 完成如图 6-5 所示图形，并标注尺寸（本例涉及：线性尺寸标注、半径标注、直径标注、基线标注、连续标注等内容）。

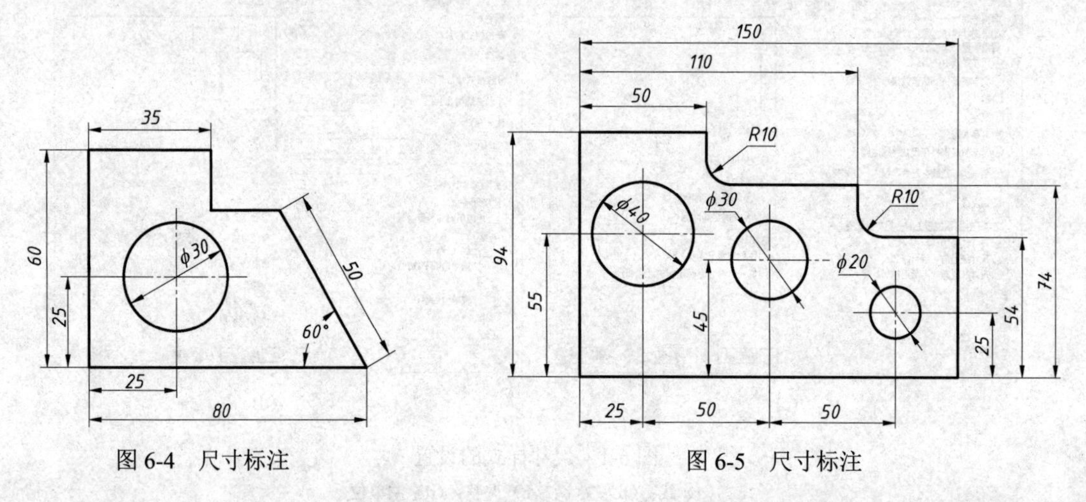

图 6-4　尺寸标注　　　　图 6-5　尺寸标注

【上机 6-4】 完成如图 6-6 所示图形，并标注尺寸（本例涉及：线性尺寸标注、半径标注、直径标注、基线标注、尺寸的编辑与修改、尺寸公差标注、形位公差标注等内容）。

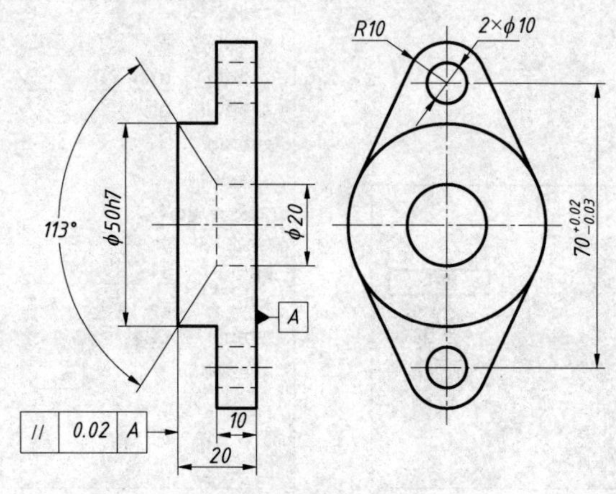

图 6-6　尺寸标注

6.4 课 后 练 习

【练习 6-1】 完成如图 6-7 所示图形，并标注尺寸。

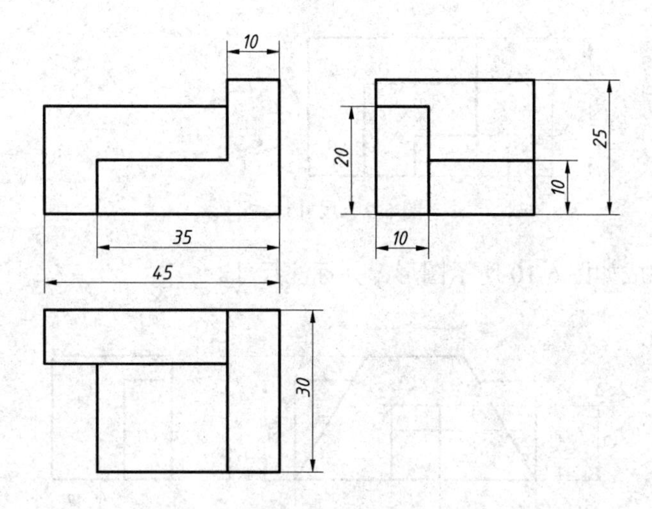

图 6-7　尺寸标注

【练习 6-2】 完成如图 6-8 所示图形，并标注尺寸。

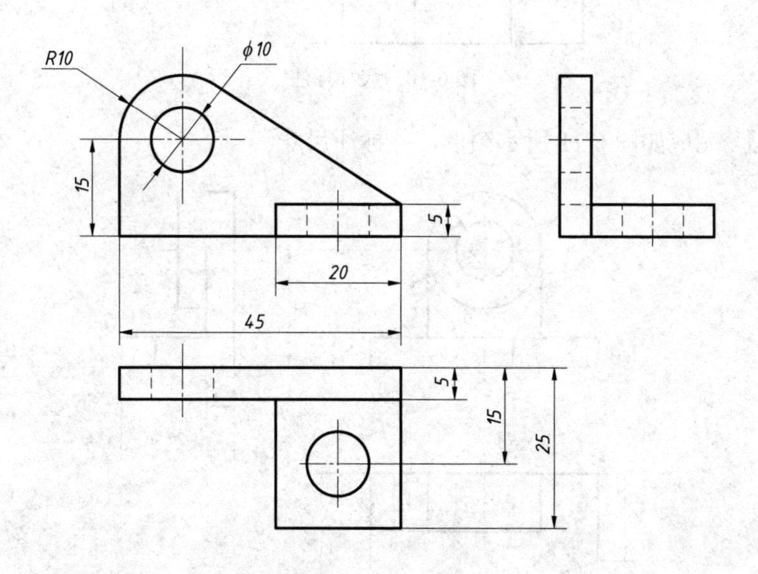

图 6-8　尺寸标注

【练习 6-3】 完成如图 6-9 所示图形，并标注尺寸。

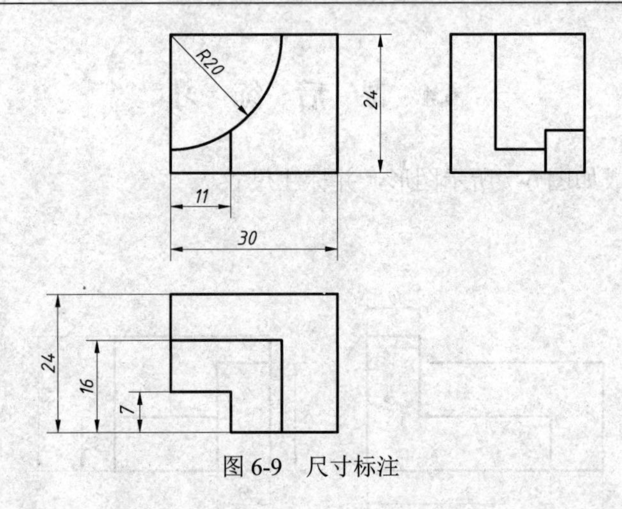

图 6-9　尺寸标注

【练习 6-4】 完成如图 6-10 所示图形，并标注尺寸。

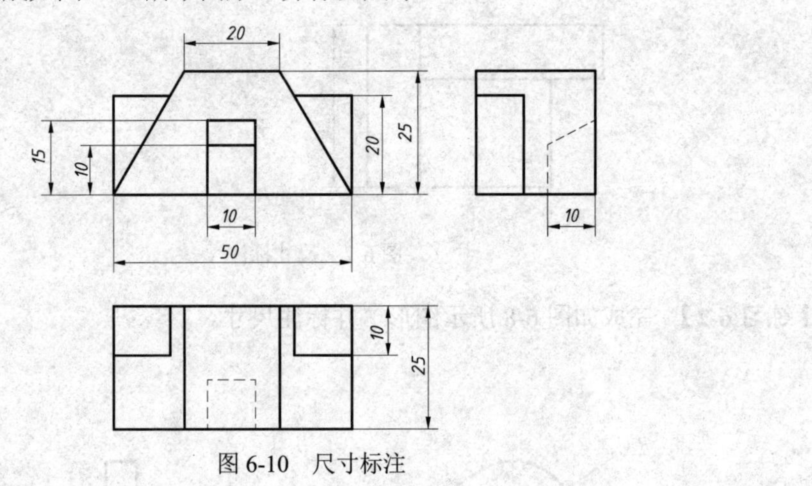

图 6-10　尺寸标注

【练习 6-5】 完成如图 6-11 所示图形，并标注尺寸。

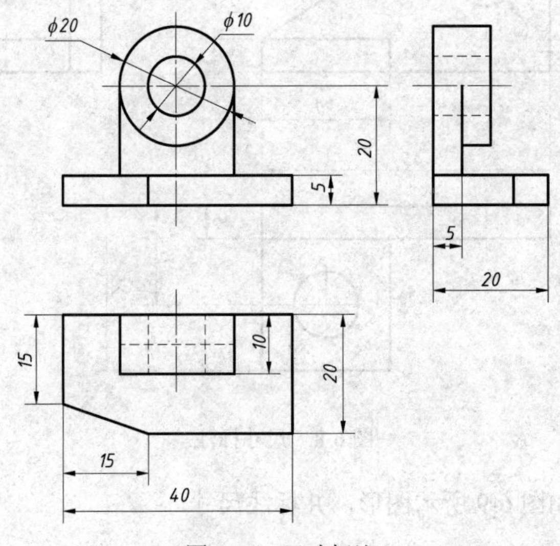

图 6-11　尺寸标注

【练习 6-6】 完成如图 6-12 所示图形，并标注尺寸。

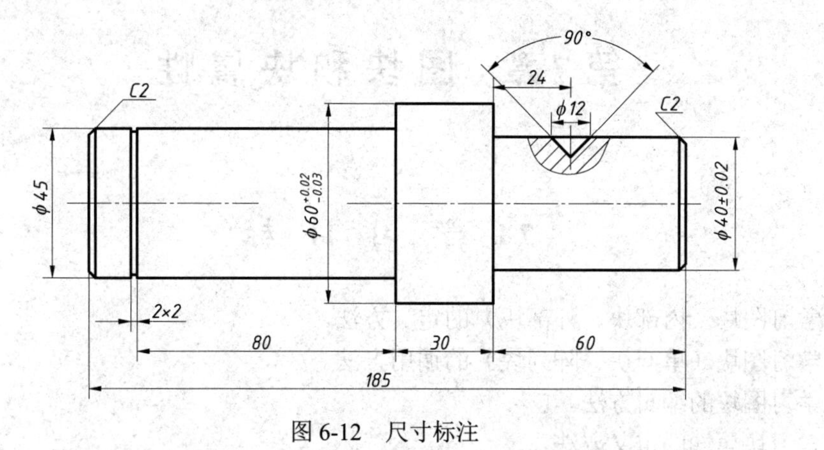

图 6-12　尺寸标注

第7章 图块和块属性

7.1 学 习 目 标

（1）学习图块（内部块、外部块）的定义方法。

（2）学习图块（单一块、阵列块）的调用方法。

（3）学习图块的编辑方法。

（4）学习块属性的定义方法。

（5）学习块属性的编辑方法。

7.2 知 识 要 点

1. 关于“内部块”和“外部块”

（1）“内部块”只能用于本文件，但可以直接调用；“外部块”可以在任何文件中使用，但需要知道它的位置才能调用。

（2）其实任何 AutoCAD（.dwg）文件都可以通过块插入的方法进行调用。

2. 关于“块属性”

“块属性”是块附带的一种文本信息。它只有被定义成块以后才能使用。常用于可变文本的输入，如：“表面结构”块中表面结构值的设置、“标题栏”块中文本值的设置等。

3. 定义带属性的块的步骤

（1）先画好要插入块的图形。

（2）进行属性定义（attdef）。

（3）将属性和相应的图形一起定义成块（block 或 bmake）。

（4）插入带属性的块，输入属性值（insert）。

（5）属性编辑（ddatte）。

7.3 上 机 内 容

【上机 7-1】 完成下面的表面结构图块，并设置属性。

（1）绘制表面结构图形，尺寸如表 7-1 所示。

说明

表面结构符号的尺寸是由字号确定的。《机械制图》国家标准的规定如表 7-1 所示。

表 7-1　　表　面　结　构

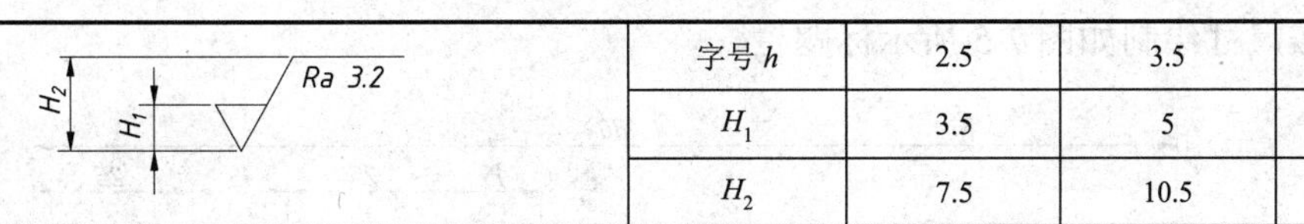

字号 h	2.5	3.5	5
H_1	3.5	5	7
H_2	7.5	10.5	15

（2）定义表面结构的块属性，设置如图 7-1 所示。表面结构块属性定义如图 7-2 所示。插入后的表面结构标注如图 7-3 所示。

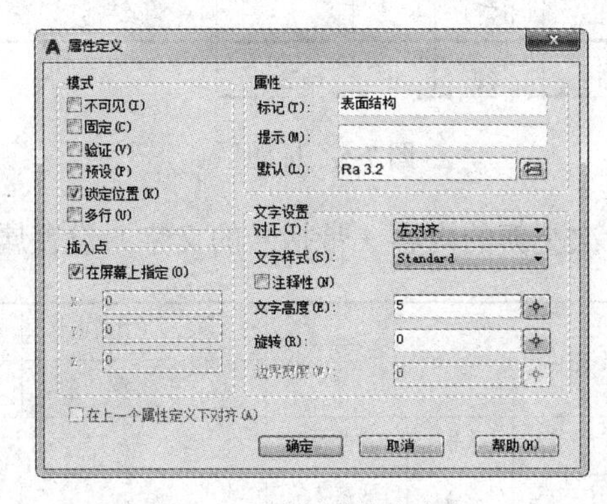

图 7-1　图块属性的定义

图 7-2　表面结构块属性定义　　　　图 7-3　插入后的表面结构标注

（3）利用所定义的表面结构图块完成如图 7-4 所示图形并标注。

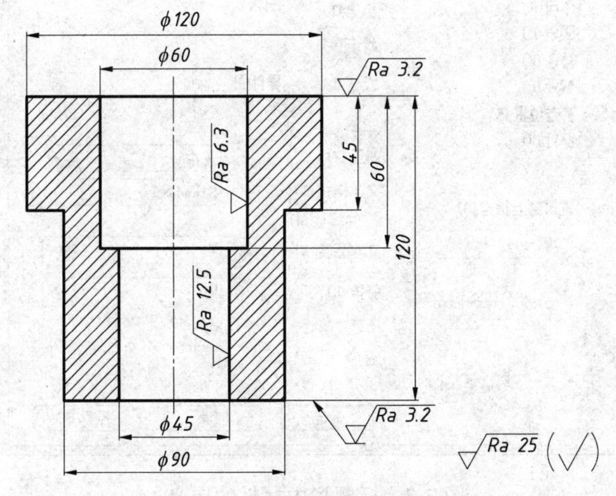

图 7-4　表面粗糙度图块的应用

提 示

注意插入块时的标注要求。

【上机 7-2】 完成下面的标题栏图块，并设置属性。

（1）按尺寸绘制如图 7-5 所示标题栏。

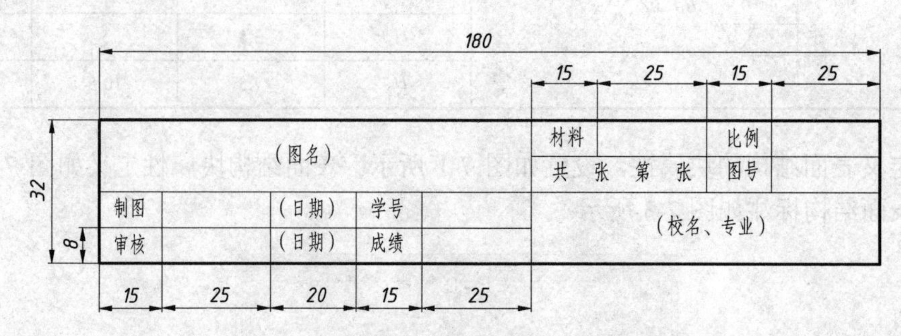

图 7-5 标题栏

（2）为标题栏中需要每次更新的内容（带括号的文字）设置属性，如图 7-6 所示。

<table>
<tr><td colspan="5" rowspan="2">(图名)</td><td>材料</td><td>(材料名称)</td><td>比例</td><td>(比例值)</td></tr>
<tr><td colspan="2">共 张 第 张</td><td>图号</td><td>(图号值)</td></tr>
<tr><td>制图</td><td>(制图人)</td><td>(日期)</td><td>学号</td><td>(学号值)</td><td colspan="4" rowspan="2">(校名、专业)</td></tr>
<tr><td>审核</td><td>(审核人)</td><td>(日期)</td><td>成绩</td><td>(成绩值)</td></tr>
</table>

图 7-6 标题栏中的属性

（3）标题栏中属性设置与“图名”属性相似，如图 7-7 所示。

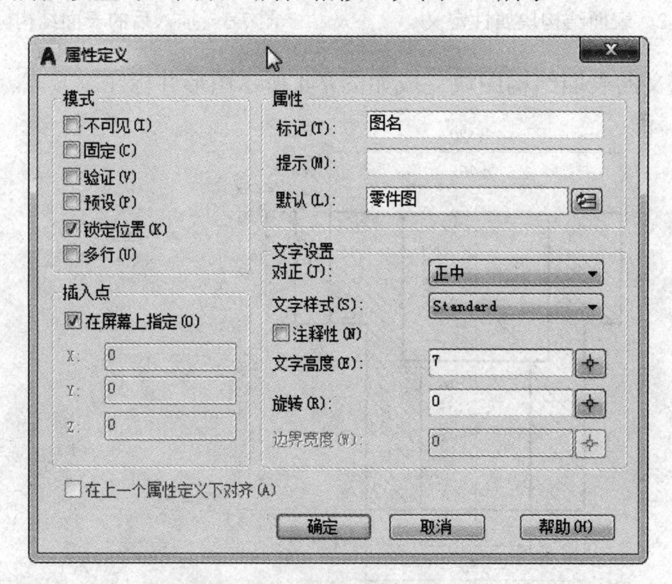

图 7-7 标题栏中属性的定义

（4）分别绘制 A0、A1、A2、A3、A4 号图纸，将上面完成的标题栏插入其中。

（5）将上面完成的各种图纸分别定义成外部块，并保存到自己的一个文件夹中，供以后使用。

7.4 课 后 练 习

【练习 7-1】 将流程图做成带属性的块，完成如图 7-8 所示流程图的制作。

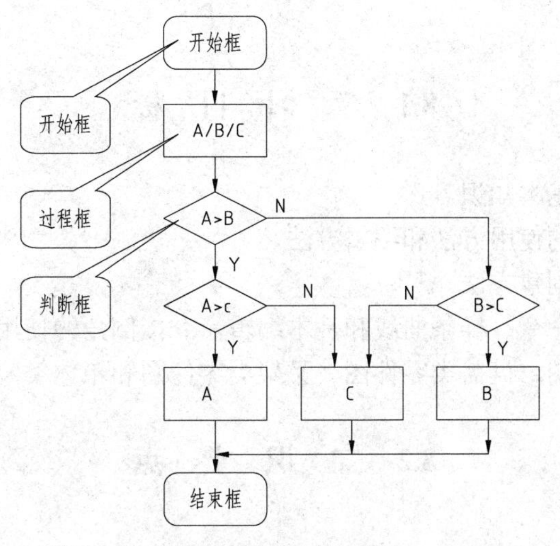

图 7-8　流程图的制作

提 示

制作步骤如下：

（1）分别绘制“开始框”“过程框”“判断框”图形，并定义成带属性的块。

（2）用多段线画出箭头，并定义成块。

（3）进行插入，排列成流程图。

（4）输入相应的字母。

注 意

为了排列整齐，在插入块时可打开栅格命令，进行栅格捕捉操作。

第8章 零件图的绘制

8.1 学 习 目 标

（1）学习零件图的基本知识。

（2）学习图案填充的使用方法和编辑方法。

（3）学习样板图的创建方法。

（4）学习基本作图命令：样条曲线和基本编辑命令：倒角的使用方法。

（5）学习轴类零件图、盘盖类零件图、叉架类零件图和箱体类零件图的绘制方法。

8.2 知 识 要 点

1. 关于“图案填充”

（1）“图案填充”主要用于剖视图的绘制，对于金属材料的图案填充样式为“ANSI31”。

（2）“图案填充”要求被填充的对象是封闭的，若不封闭则在填充时会出现一个提示对话框，当出现该种情况时可以设置允许的间隙量。

2. 关于“样板图”

“样板图”是为节省绘图时间，提高绘图效率而提出来的。“样板图”一般包含图层设置、文本样式设置、尺寸标注样式设置、常用图块等方面的内容。

3. 关于“典型零件”

工程上典型零件是指：轴类、盘盖类、叉架类和箱体类零件。每种零件都有自身的特点，绘制时要认真进行总结，准确地画出所有的内容。

8.3 上 机 内 容

【上机8-1】 完成“样板图”的设置。

（1）新建文件，另存为“A3样板图.dwg”。

（2）设置图层，设置要求见表8-1。

表8-1 图 层 设 置

图层名	颜色	线型	线宽
粗实线层	绿色	continuous	0.35mm
细实线层	黑色	continuous	默认
尺寸线层	蓝色	continuous	默认
点划线层	红色	center	默认

续表

图层名	颜色	线型	线宽
虚线层	黄色	hidden	默认
文本层	黑色	continuous	默认

（3）设置文本样式。

具体设置参考“上机指导书‘第 5 章　向图形中添加文字和表格’”中［上机 5-1］所示。

（4）设置“尺寸标注”样式。

具体设置参考“第 6 章　尺寸标注”中［上机 6-1］所示。

（5）设置常见图块及块属性。

1）完成“表面粗糙度”图块和图块属性的设置，具体如“上机指导书”“第 7 章　图块和块属性”中［上机 7-1］所示。

2）完成“标题栏”图块和图块属性的设置，具体如“上机指导书”“第 7 章　图块和块属性”中［上机 7-2］所示。

（6）绘制 A3 图幅。

（7）保存文件为“A3.dwt”，保存位置为 AUTOCAD2017 目录下的 TEMPLATE 文件夹。此时出现“样板说明”对话框，如图 8-1 所示。点击“确定”按钮，完成保存。

（8）样板图的调用。

新建文件，在打开的“创建新图形”中点击“使用样板”标签页，如图 8-2 所示。在下面的内容中选择“A3 样板图.dwt”，再点击“确定”。

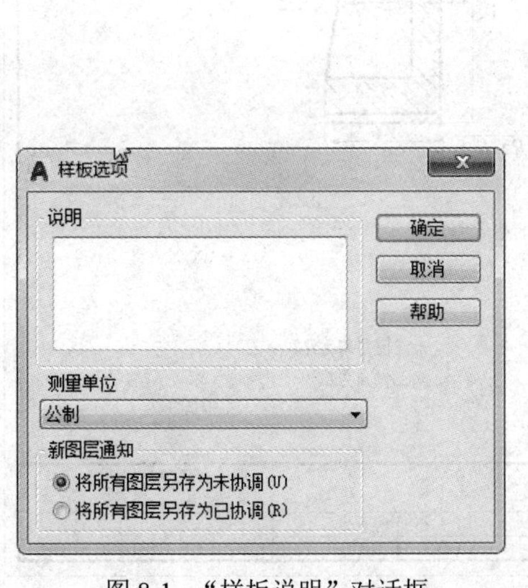

图 8-1　“样板说明”对话框

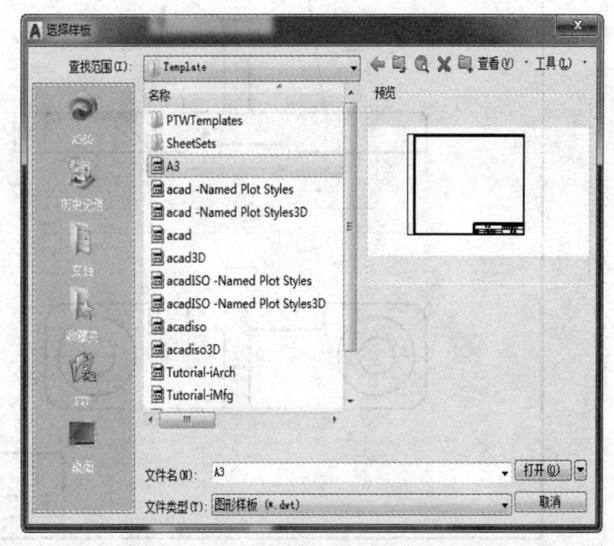

图 8-2　“创建新图形”对话框

（9）参考上面步骤，完成“A4 样板图”“A2 样板图”“A1 样板图”“A0 样板图”。

【上机 8-2】 完成如图 8-3 所示图形，并进行填充。

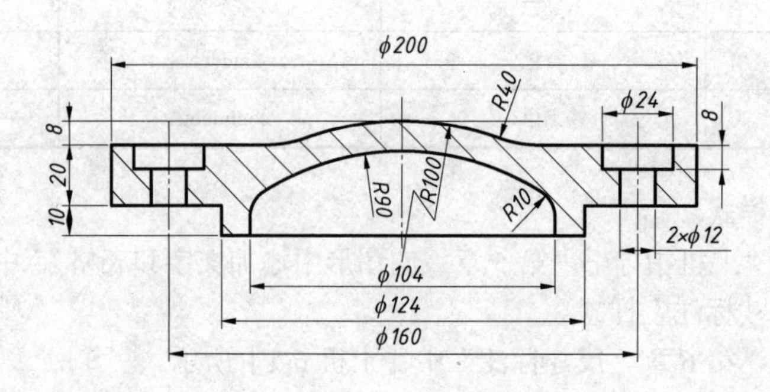

图 8-3　图案填充练习

【上机 8-3】 抄画如图 8-4 所示的工程图样。

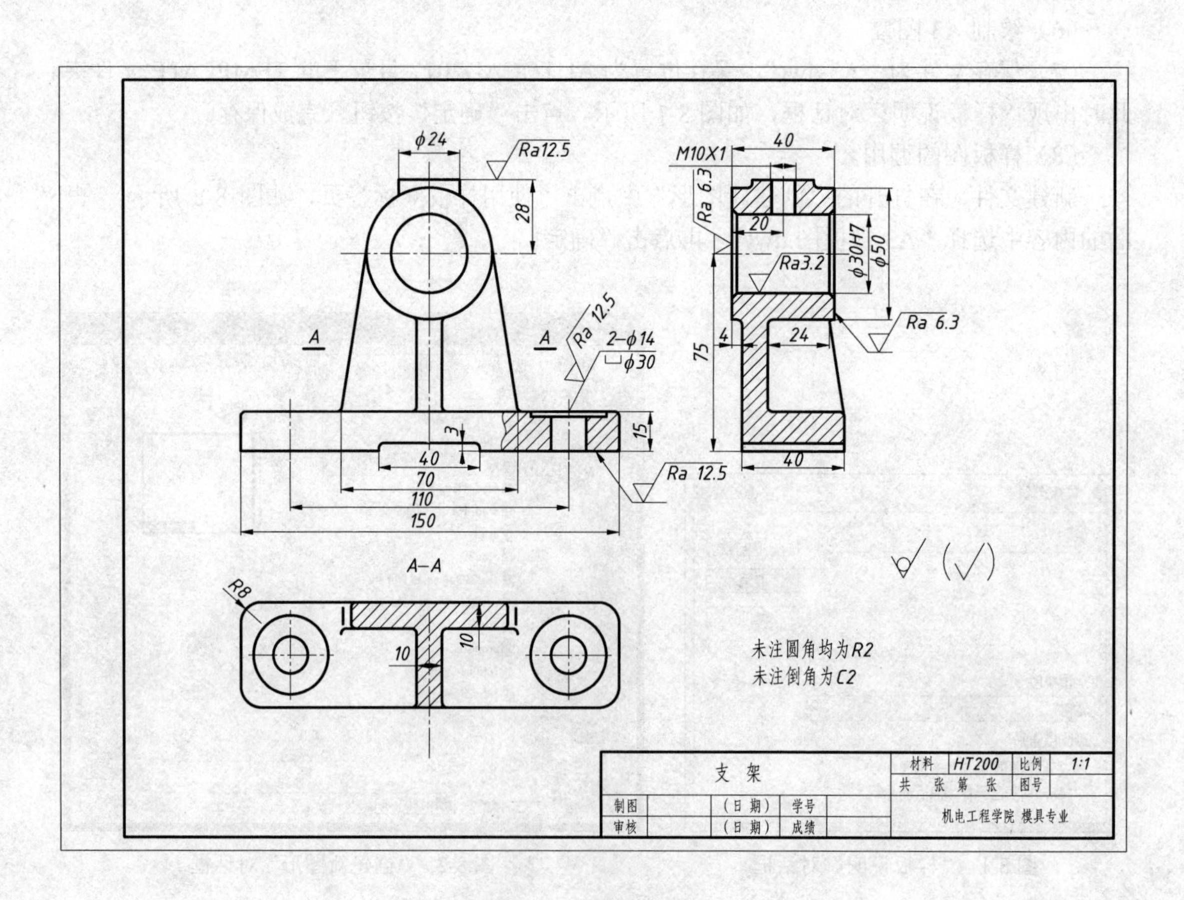

图 8-4　抄画工程图样

【上机 8-4】 完成如图 8-5 所示图形——轴类零件。

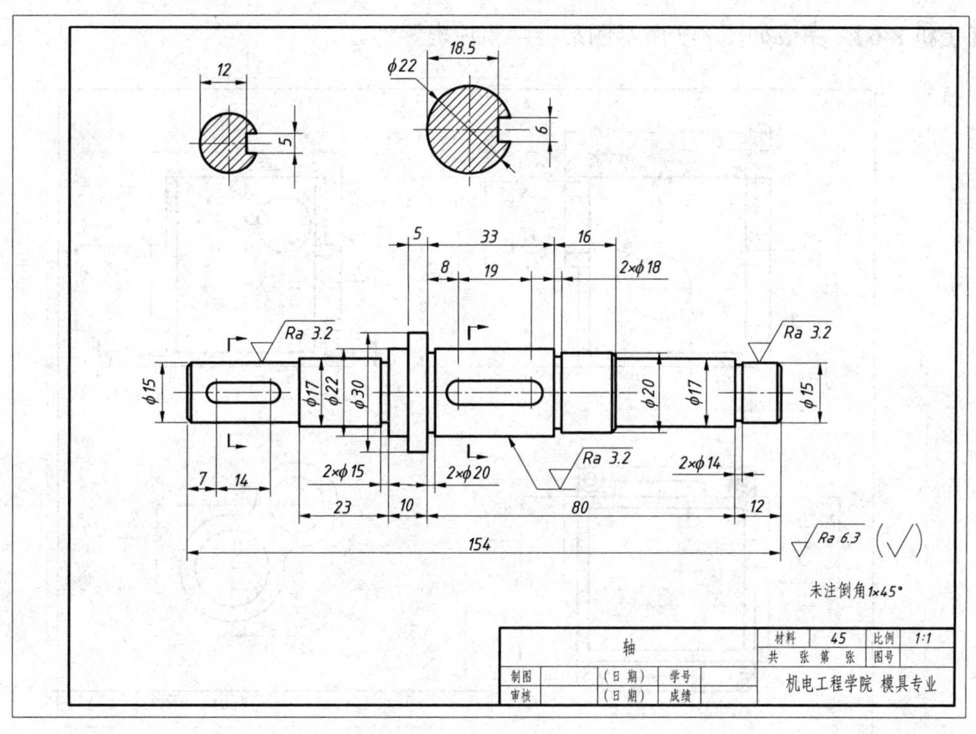

图 8-5　轴类零件练习

【上机 8-5】 完成如图 8-6 所示图形——叉架类零件。

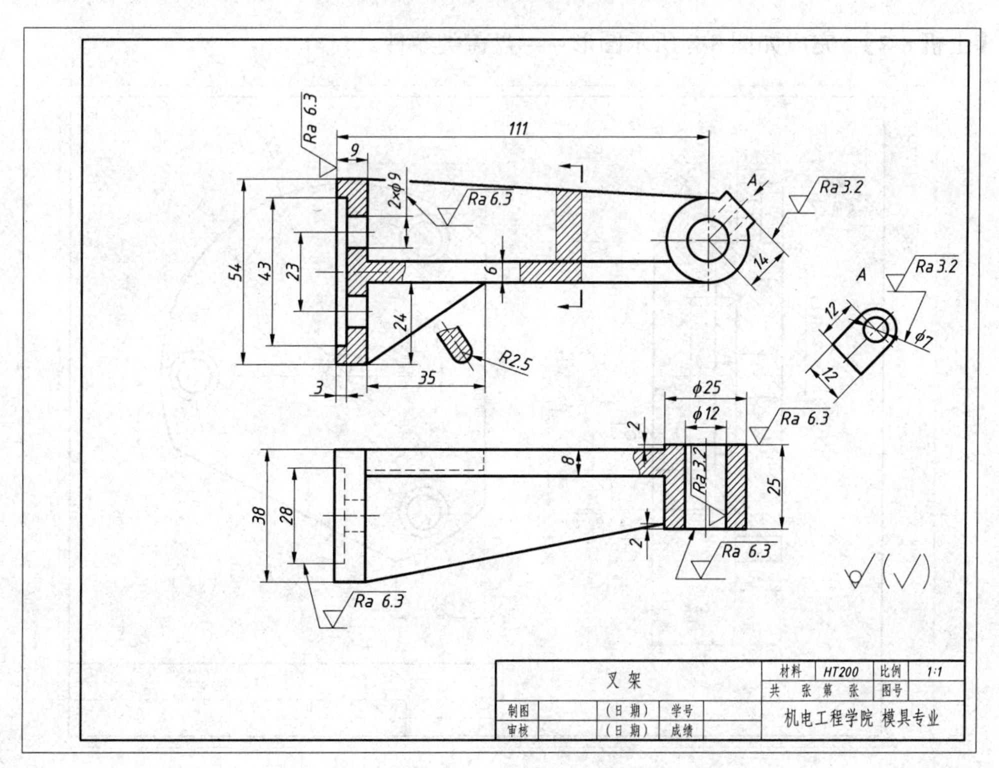

图 8-6　叉架类零件练习

【上机 8-6】 完成如图 8-7 所示图形——箱体类零件。

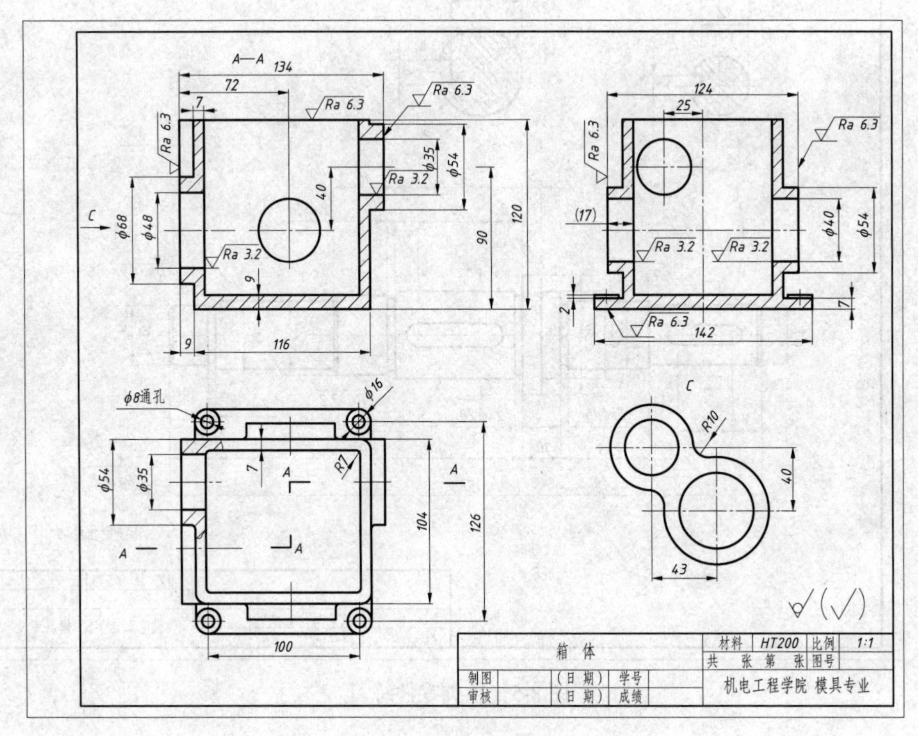

图 8-7 箱体类零件练习

【上机 8-7】 完成如图 8-8 所示图形——盘盖类零件。

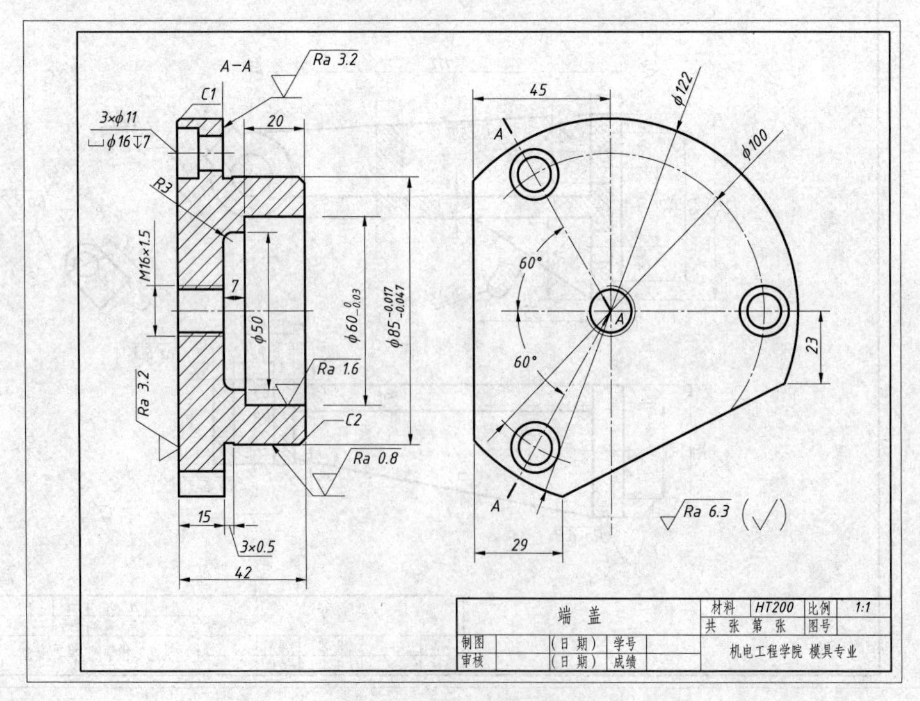

图 8-8 盘盖类零件练习

8.4 课 后 练 习

【练习 8-1】 完成如图 8-9 所示图形——轴类零件练习。

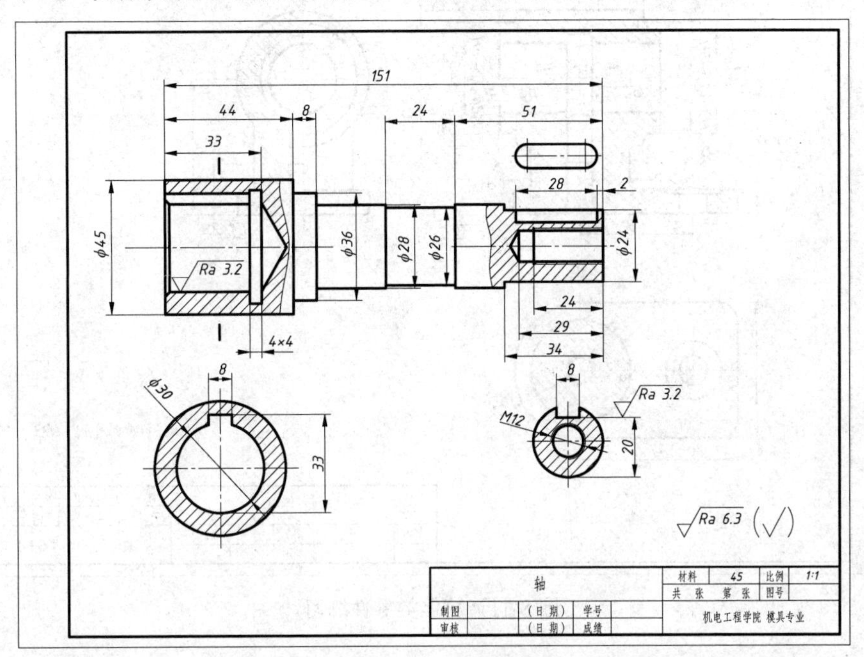

图 8-9 轴类零件练习

【练习 8-2】 完成如图 8-10 所示图形——叉架类零件练习。

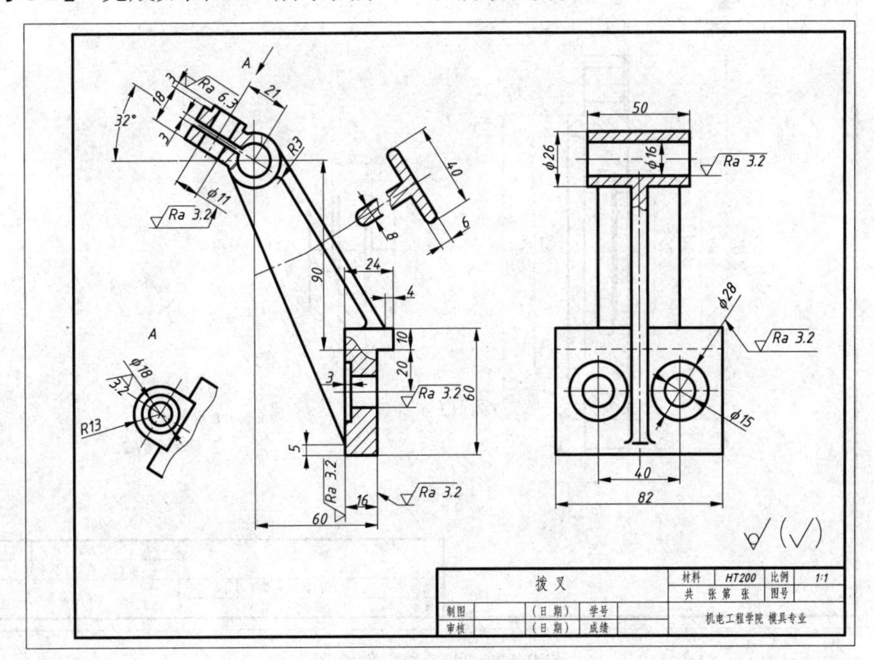

图 8-10 叉架类零件练习

【练习 8-3】 完成如图 8-11 所示图形——箱体类零件练习。

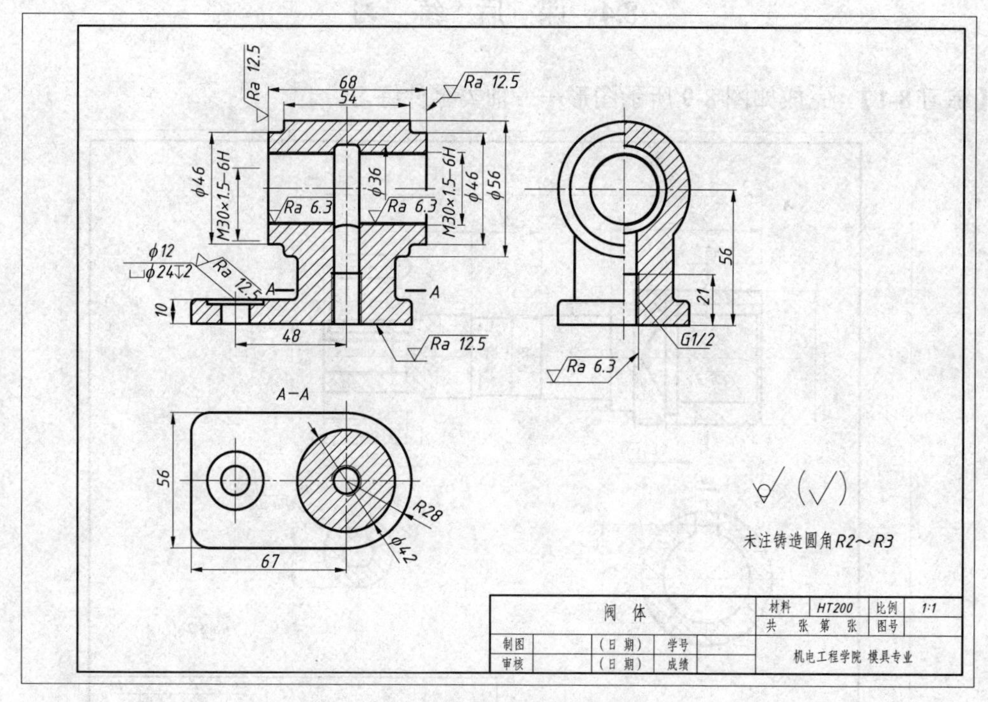

图 8-11 箱体类零件练习

【练习 8-4】 完成如图 8-12 所示图形——盘盖类零件练习。

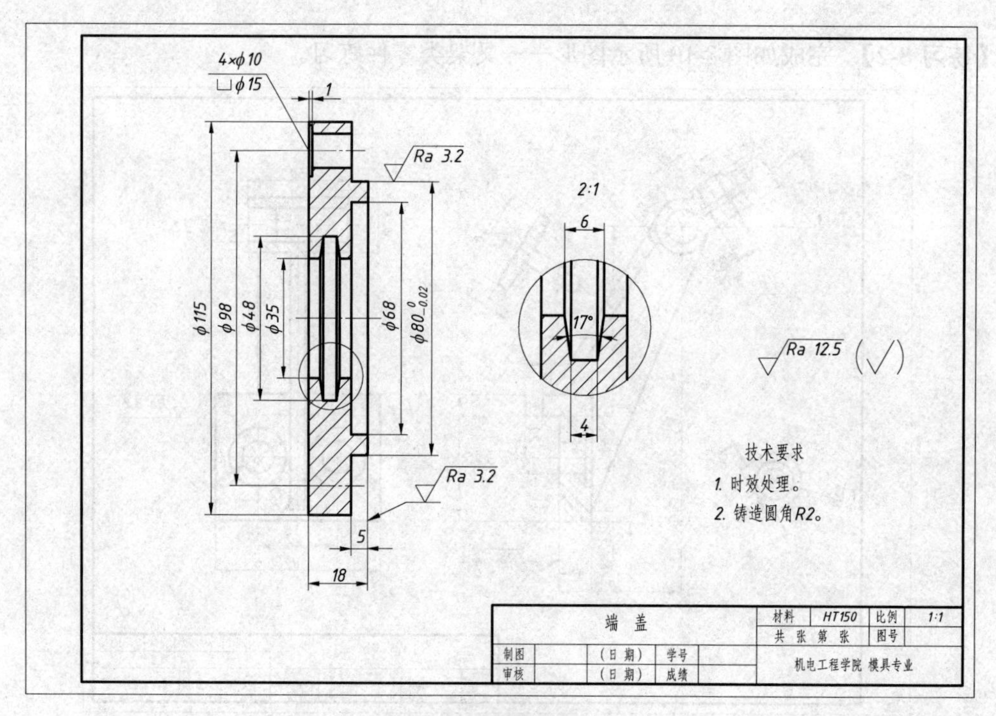

图 8-12 盘盖类零件练习

第9章　装配图的绘制

9.1　学　习　目　标

（1）学习装配图的基本知识。

（2）学习 AutoCAD 2010 设计中心的使用方法。

（3）学习多重设计环境的基本知识。

9.2　知　识　要　点

1. 拼图的方法

（1）利用 AutoCAD 2010 设计中心的插入图形的方法。

（2）利用多文档环境的编辑操作，打开多个图形文件，在图纸之间复制、移动对象。

2. 拼图时的要求

（1）以某一个主要零件为基础，将其他零件图进行复制、粘贴。

（2）在插入其他图形时，要明确其装配关系，及时修改多余的图线。

（3）将明细栏做成带属性的块，进行插入（名称为 MXL）。

（4）标注必要的尺寸，编写序号和注写技术要求。

3. 推荐使用的命令

建一张新图、图形间的复制、粘贴，移动、镜像等命令。

9.3　上　机　内　容

【上机 9-1】 根据零件图如图 9-1～图 9-5 所示的，利用多文档环境的编辑操作拼画装配图。

绘图步骤：

（1）建立一张新图，取名为“装配图例”，关闭零件图中标注尺寸的图层，将所有零件图中的图形进行复制、粘贴到新的图中。

（2）以顶盖零件图为基础图，利用移动、旋转、镜像等命令进行拼图。

（3）在拼图过程中，利用目标捕捉准确地找到基准点。

（4）在拼图过程中，要不断进行修改，去掉多余的图线。

（5）拼图结束后，将明细栏做成带属性的图块，取名为“MXL”并进行插入。

（6）编序号，标注尺寸等，完成作图，结果如图 9-6 所示。

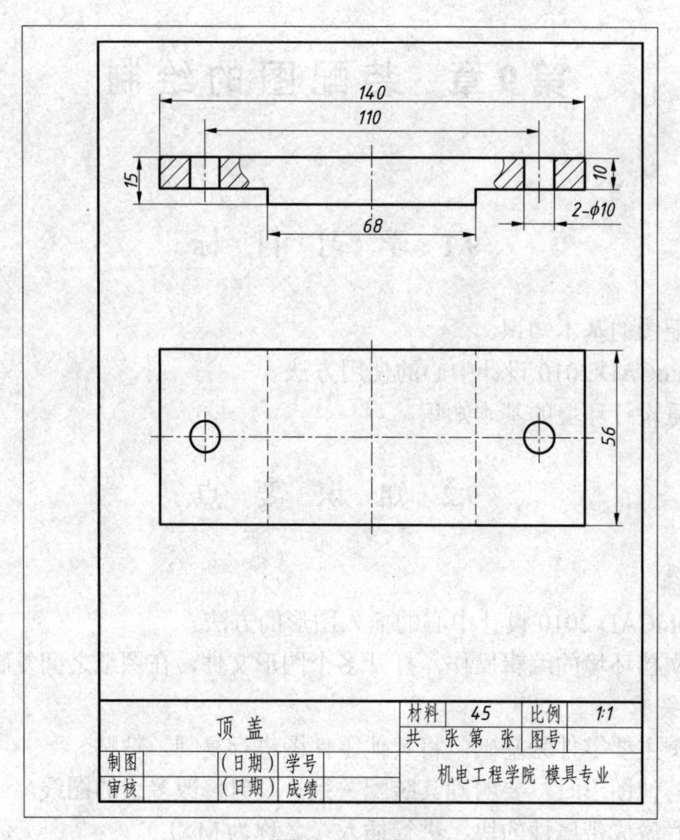
140
110
15
10
2-ϕ10
68
56
顶 盖
材料
45
比例
1:1
共 张 第 张
图号
制图
(日期)
学号
审核
(日期)
成绩
机电工程学院 模具专业

图 9-1　顶盖

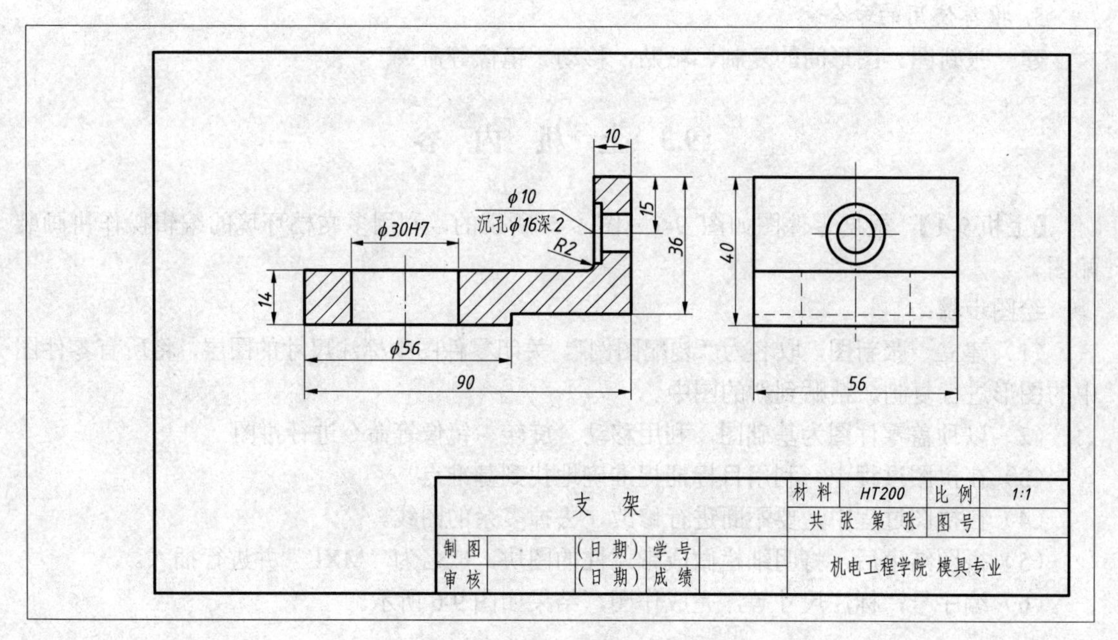
10
ϕ10
沉孔ϕ16深2
15
ϕ30H7
R2
36
40
14
ϕ56
90
56
支 架
材 料
HT200
比 例
1:1
共 张 第 张
图 号
制 图
(日 期)
学 号
审 核
(日 期)
成 绩
机电工程学院 模具专业

图 9-2　支架

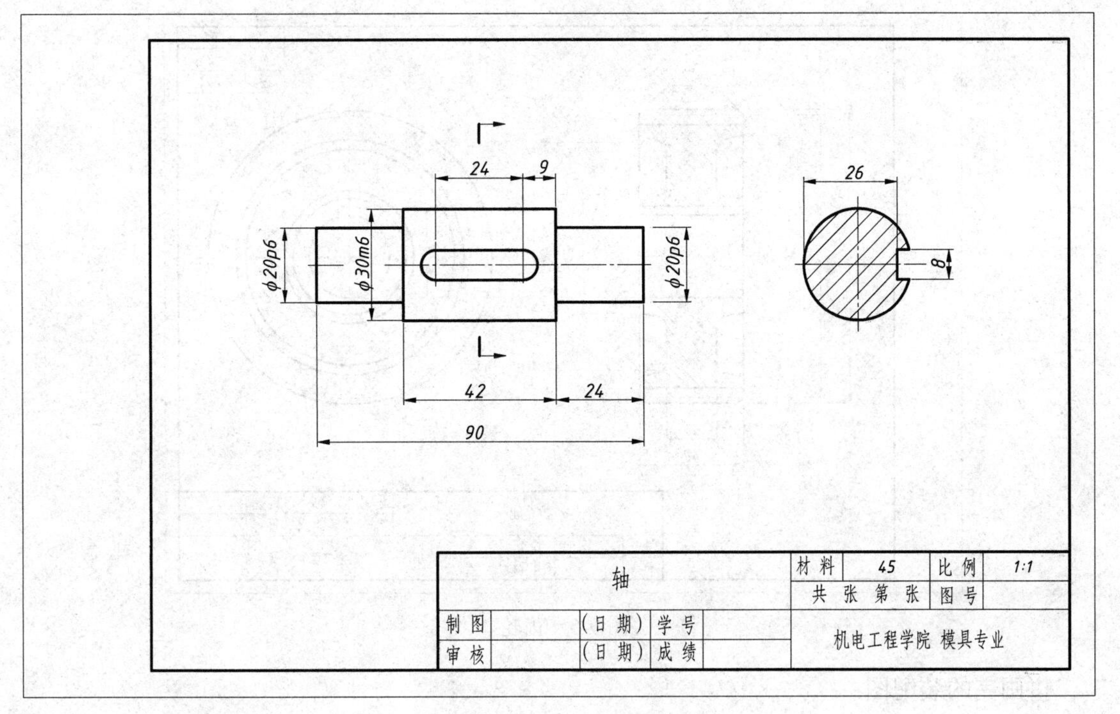

24
9
26
φ20p6
φ30m6
φ20p6
8
42
24
90
轴
材 料
45
比 例
1:1
共 张 第 张
图 号
制 图
(日 期)
学 号
审 核
(日 期)
成 绩
机电工程学院 模具专业

图 9-3　轴

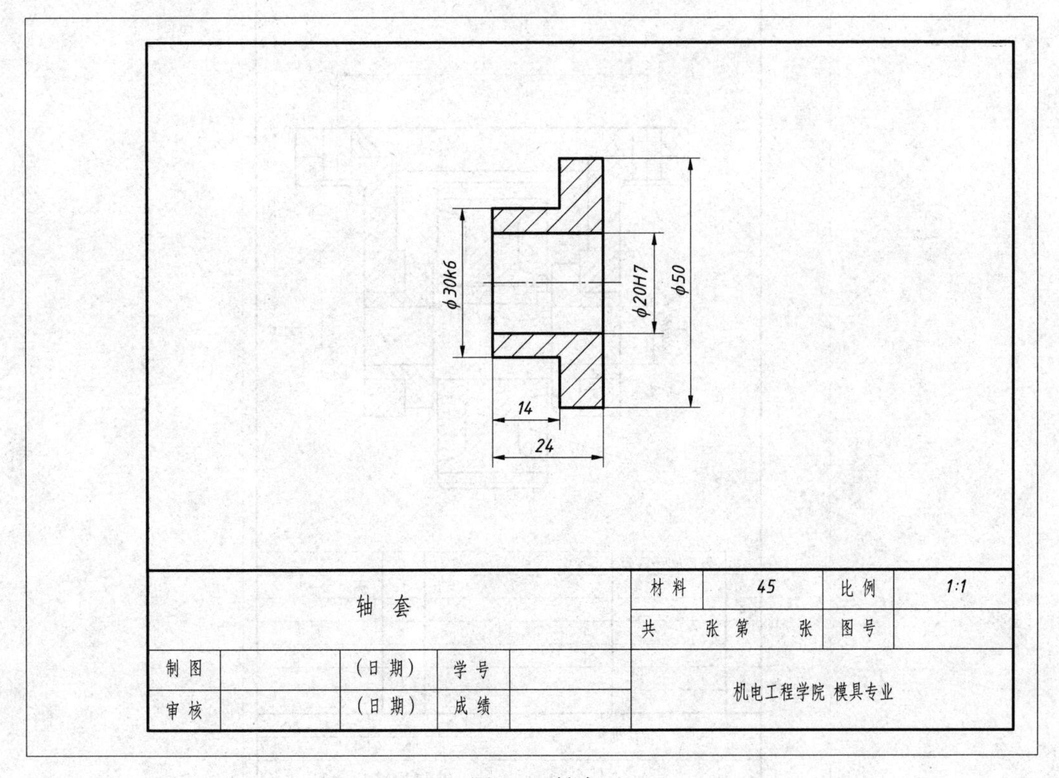

φ30k6
φ20H7
φ50
14
24
轴 套
材 料
45
比 例
1:1
共 张 第 张
图 号
制 图
(日 期)
学 号
审 核
(日 期)
成 绩
机电工程学院 模具专业

图 9-4　轴套

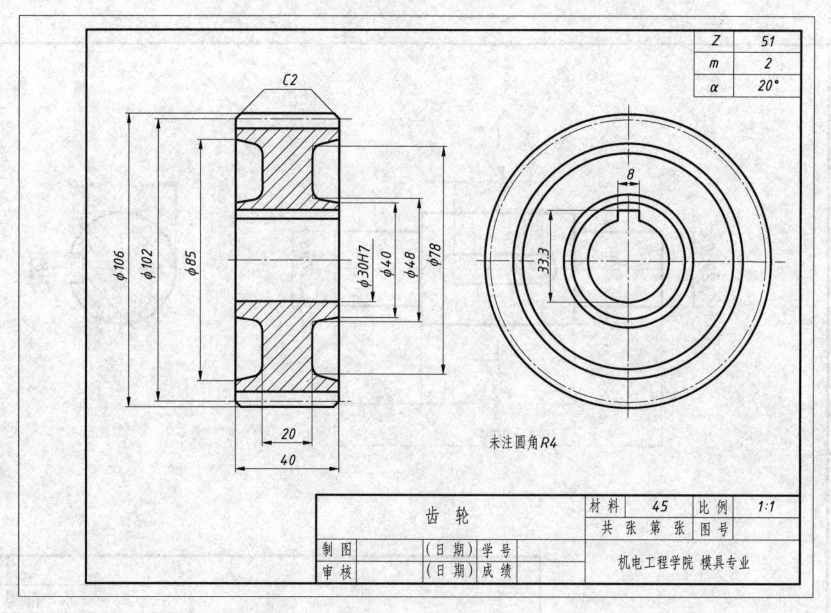

图 9-5 齿轮

拼画完的装配图：

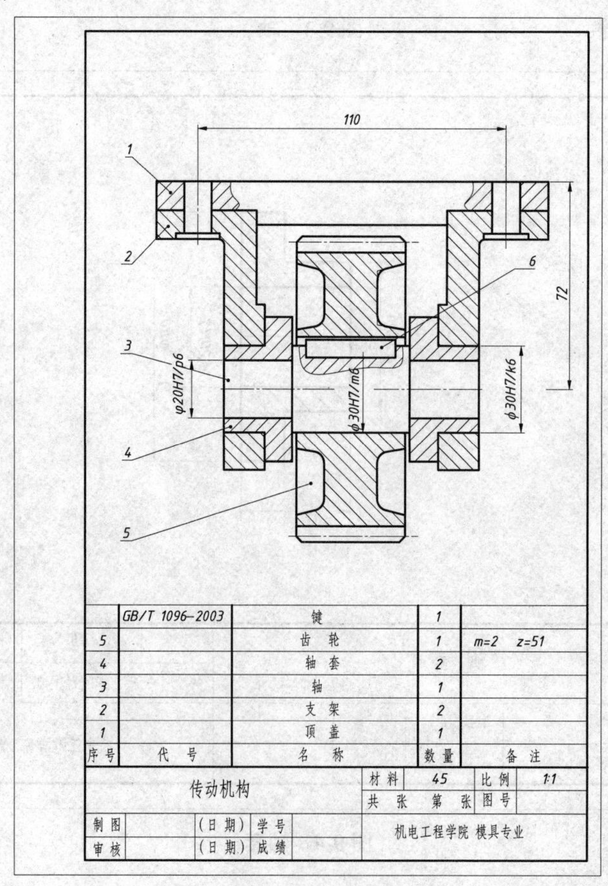

图 9-6 装配图

9.4 课　后　练　习

【练习 9-1】 完成如图 9-7～图 9-10 所示的零件图，然后将其装配成如图 9-11 所示的装配图。

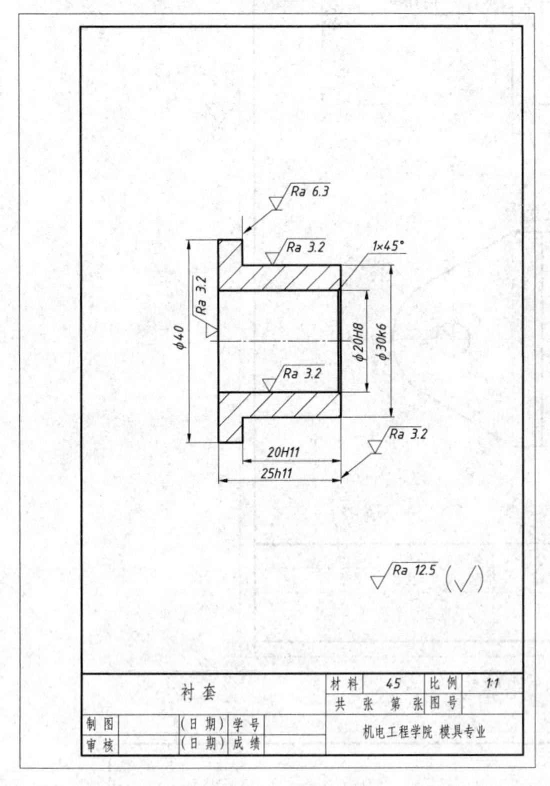

图 9-7　衬套

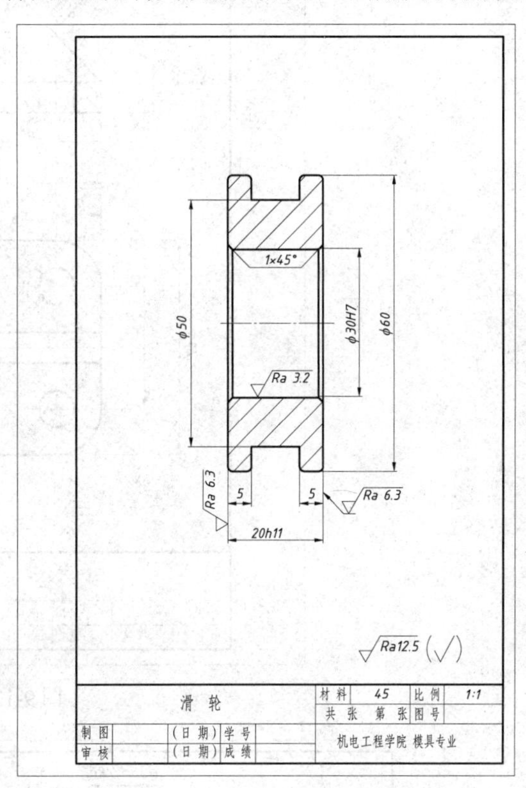

图 9-8　滑轮

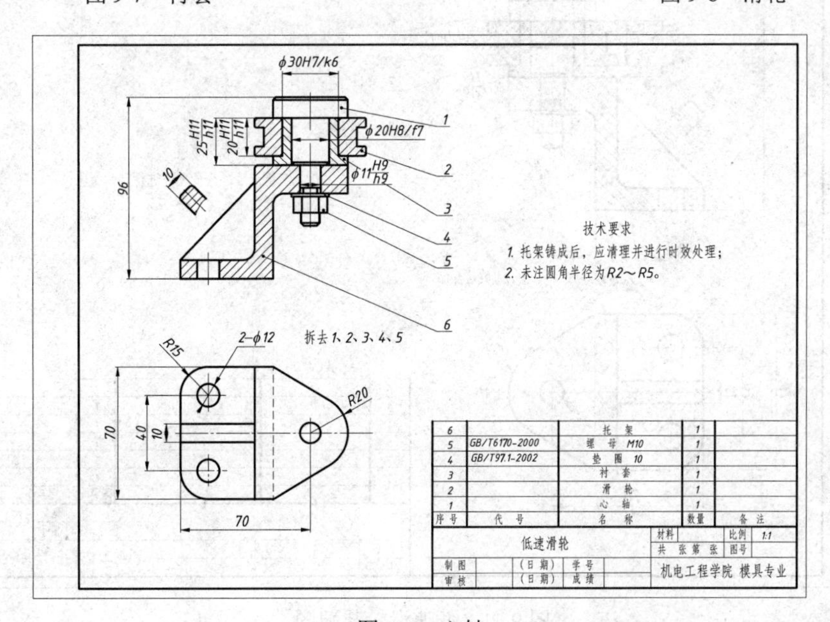

图 9-9　心轴

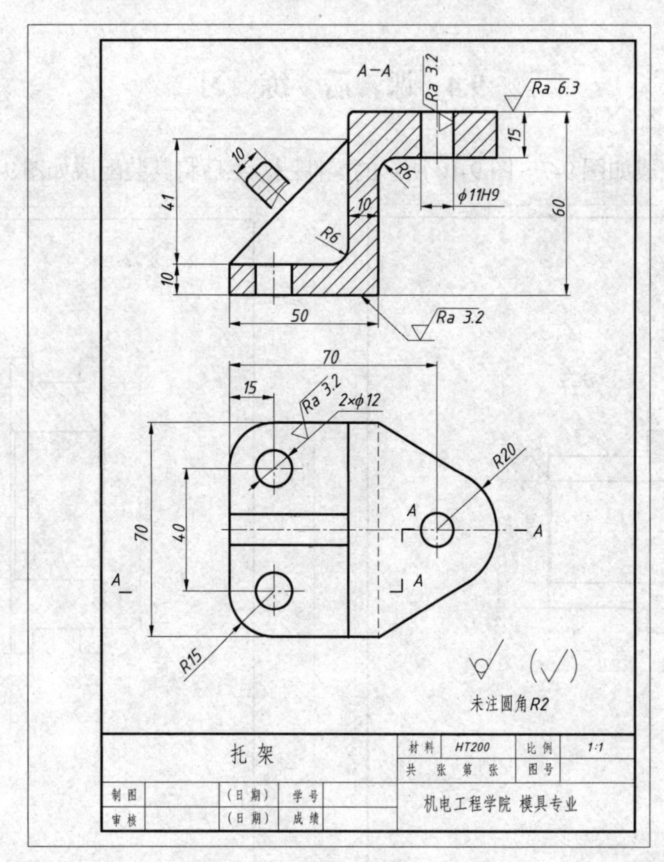

图 9-10　托架

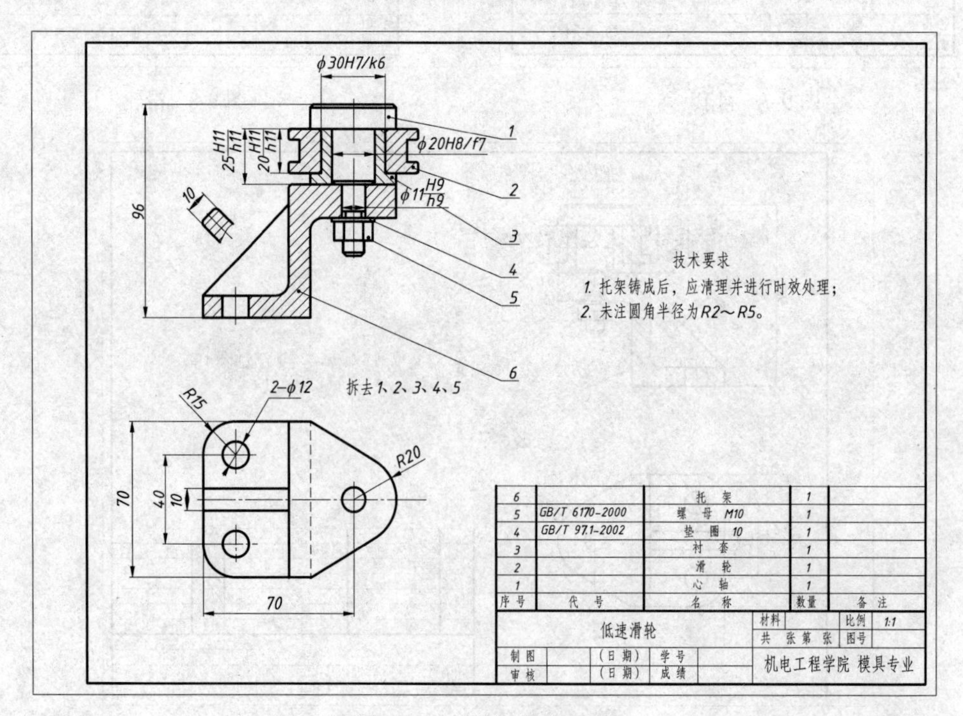

图 9-11　低速滑轮装配图

第10章 三维造型基础

10.1 学 习 目 标

（1）练习三维造型环境的设置（绘图空间的设置、工具的调用与关闭、视图方向的设置）。

（2）练习三维基本实体的创建方法。

（3）练习布尔运算命令的使用方法。

（4）练习右手定则的使用方法。

（5）练习用户坐标系的使用方法。

（6）练习线框造型的方法。

10.2 知 识 要 点

1. 关于“三维造型环境的设置”

（1）工作空间一般根据工作情况而定，进行三维造型可以选择“三维建模”，若对以前的CAD版本比较熟悉可以使用“AUTOCAD经典”。

（2）进行三维造型一般需要“绘图”工具栏、“修改”工具栏、“建模”工具栏、“实体编辑”工具栏、“视图”工具栏、“视觉样式”工具栏和“动态观察”工具栏。

（3）在进行三维造型时需要根据需要使用“视图”工具栏中的相关命令将观察方向调整到用户需要位置，以方便造型。

2. 关于“三维基本体造型”方法

三维基本体造型是实体造型的基本方法之一，也是进行复杂实体造型的基础，在造型过程中应注意基本体的基准点和正方向问题。

3. 关于“布尔运算”

通过基本体造型和由二维对象创建三维对象的方法所创造的实体结构一般比较简单，若要创建比较复杂的实体，一般是通过形体分析的方法将复杂的形体分解成为若干个基本形体。基本形体完成后，再通过布尔运算对这些基本形体进行组合完成整体造型。

布尔运算有并集、交集和差集三种。布尔运算的对象可以是实体之间或面域之间。

4. 关于“右手定则”

（1）“右手定则”是三维造型中确定方向的重要方法。一般可用于解决确定坐标轴的正方向或物体旋转的正方向问题。

（2）利用“右手定则”确定Z轴正方向的方法：将右手大拇指指向X轴的正方向，将右手食指指向Y轴的正方向，使右手的中指弯曲并与大拇指指向的X轴正方向和食指指向Y轴的正方向所确定的平面垂直，则右手中指指向的方向即为Z轴的正方向。

（3）利用“右手定则”确定旋转正方向的方法：将右手大拇指伸出指向X轴、Y轴或Z

轴的正方向，使右手其余四指弯曲，则四指弯曲的方向就是绕指定轴旋转的正方向。

5. 关于“用户坐标系”

（1）通过“用户坐标系”的使用可以灵活设置坐标系。它不仅可以用于三维造型，还可以用于二维造型。

（2）在三维造型中使用“用户坐标系”，一般是为了在三维实体的表面绘制二维或三维图形。

6. 关于“线框造型”

“线框造型”的造型思路是利用线框来表达空间中的立体，方法一般是先分析空间立体的结构形状，再确定用什么样的图线来表达该形状，最后根据图线的空间位置和坐标进行绘图，并删除看不见的图线即可。

10.3 上 机 内 容

10.3.1 三维造型环境的设置

【上机 10-1】 参考教材相关内容建立三维造型环境。

10.3.2 三维基本实体的创建

1. 长方体模型的建立（BOX）

【上机 10-2】 设置视图为西南等轴测，建立长、宽、高分别为 100，80，60 的长方体，如图 10-1（a）所示。

长方体的长与 X 轴平行，宽与 Y 轴平行，高与 Z 轴平行。

2. 球体模型的建立（SPHERE）

【上机 10-3】 建立球心在（100，100，0），半径为 50 球，如图 10-1（b）所示。

3. 圆柱体模型的建立（CYLINDER）

【上机 10-4】 建立底圆圆心在（0，0，0），底圆半径为 20，高为 15 的圆柱体，如图 10-1（c）所示。

4. 圆锥体模型的建立（CONE）

【上机 10-5】 建立底圆圆心在（150，50，0），底圆半径为 20，高为 40 的圆锥体，如图 10-1（d）所示。

注 意

圆锥和圆柱的操作过程相似，且它们的高值均可正可负，若高为正值，则圆心为底圆圆心；若高为负值，则圆心为顶圆圆心。

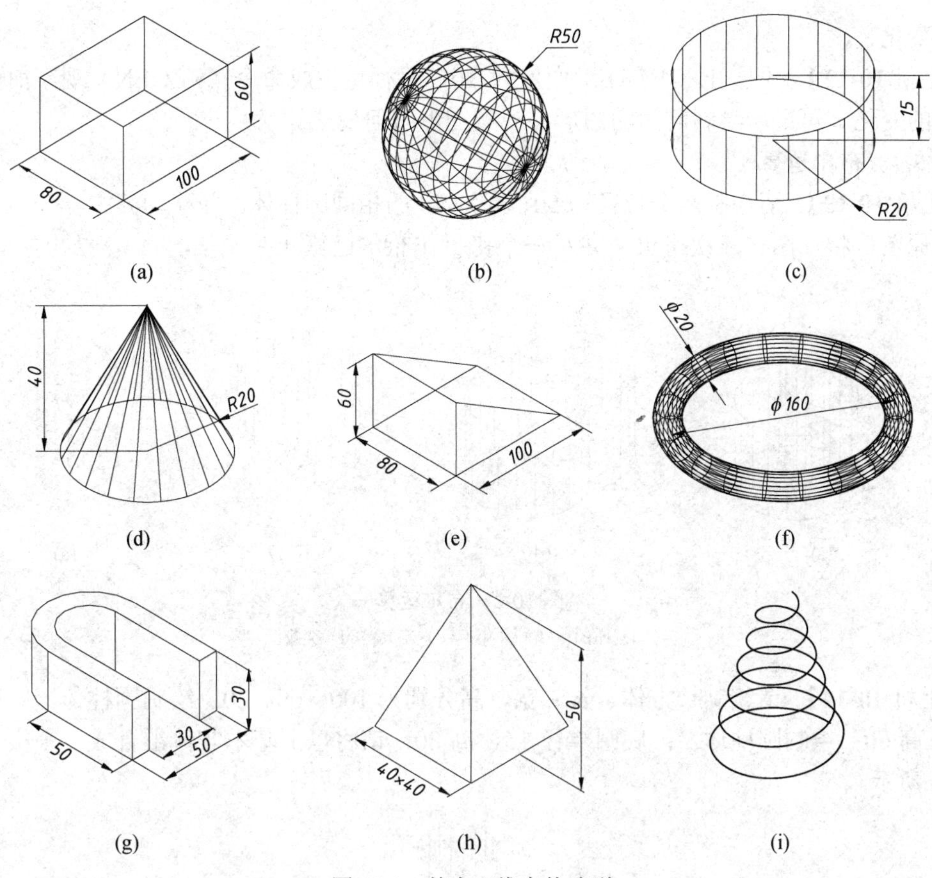

图 10-1　基本三维实体造型

（a）长方体；（b）球体；（c）圆柱体；（d）圆锥体；（e）楔形体；（f）圆环体；（g）多段体；（h）棱锥面；（i）螺旋线

5. 楔形体模型的建立（WEDGE）

【上机 10-6】 建立长、宽、高分别为 100、80、60 的楔形体，如图 10-1（e）所示。

注 意

楔形体和长方体的操作过程相似，读者应注意楔形体斜面的取向。

6. 圆环体模型的建立（TOURS）

【上机 10-7】 建立圆环中心在（200，100，0），圆环半径为 80，圆管半径为 10 的圆环体，如图 10-1（f）所示。

【上机 10-8】 利用多段体命令建立如图 10-1（g）所示立体。

【上机 10-9】 利用棱锥面命令建立如图 10-1（h）所示立体。

【上机 10-10】 利用螺旋线命令建立如图 10-1（i）所示螺旋线。螺旋线底面半径为 20；顶面半径为 5；圈数为 6；扭曲方向为 CCW；螺旋高度为 50。

10.3.3　与三维实心体有关的二个变量

【上机 10-11】 设置 ISOLINES 变量为 20，执行重生成命令（REGEN）观察前面所绘制图形的变化。

【上机 10-12】 设置 FACETRES 变量为 10，执行重生成命令（REGEN）观察前面所绘制图形的变化。再重新绘制前面的图形并观察图形有何变化。

10.3.4 布尔运算

【上机 10-13】 请绘制两个直径为 50，高为 40 的相同圆柱体。并移动其中一个与另一个相交如原图，将原图作三次拷贝，并对三个拷贝作布尔运算（并，差，交），结果如图 10-2 所示。

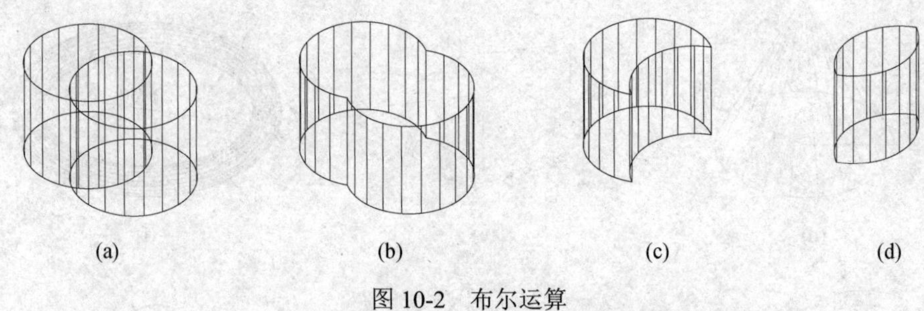

图 10-2 布尔运算

（a）原图；（b）并集；（c）差集；（d）交集

【上机 10-14】 请绘制长方体，长、宽、高分别为 100、60、20；绘制圆柱体一：底圆半径 20，高 60；绘制圆柱体二：底圆半径 15，高 80；请将以上基本实体组合成一个实体。如图 10-3 所示。

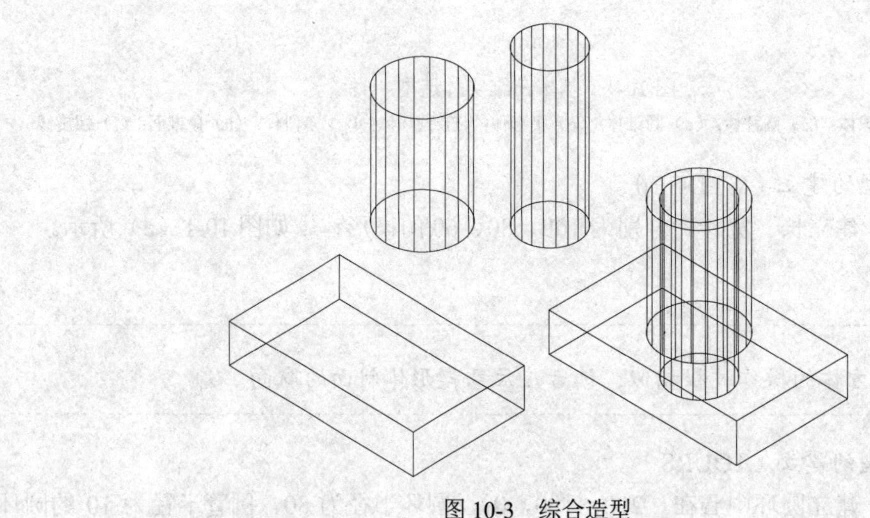

图 10-3 综合造型

10.3.5 右手定则

【上机 10-15】 利用右手定则判断当前坐标系 *X*、*Y*、*Z* 轴的正方向。

【上机 10-16】 利用右手定则判断当前坐标系 *X*、*Y*、*Z* 轴的旋转正方向。

10.3.6 三维视图与线框造型

【上机 10-17】 设置视图方向为西南等轴测，并利用线框造型法创建长方体，长方体的长、宽、高分别为 100、80、60，基准点为（0，0，0），如图 10-4 所示。

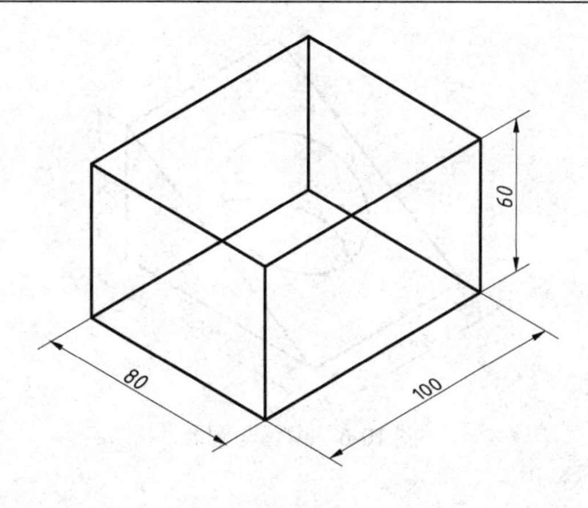

图 10-4　长方体

思考：若要将不可见的图线去掉将如何操作？请读者自行考虑并完成。

【上机 10-18】 打开［上机 10-17］，分别设置用户视图为东南等轴测、东北等轴测、西北等轴测、俯视、仰视、左视、右视、主视、后视并观察和区别各种视图下的长方体。

【上机 10-19】 打开［上机 10-17］，利用视点的方法分别设置用户视图为东南等轴测、东北等轴测、西北等轴测、俯视、仰视、左视、右视、主视、后视并观察和区别各种视图下的长方体。

【上机 10-20】 设置用户视图为东南等轴测，并利用线框造型法创建楔体，楔体的长、宽、高分别为 100、80、60，基准点为（0，0，0），如图 10-5 所示。

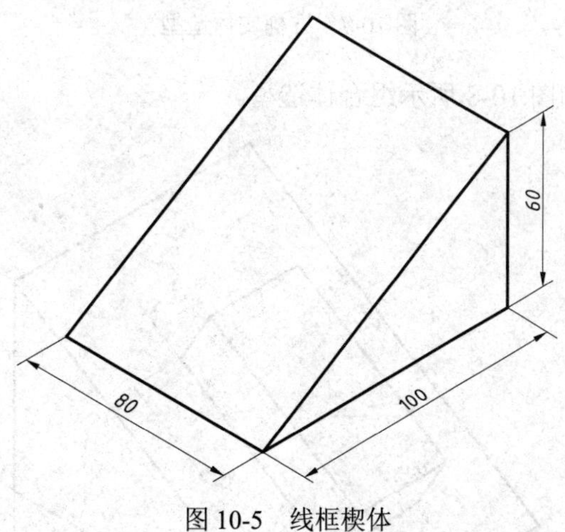

图 10-5　线框楔体

10.3.7　用户坐标系

【上机 10-21】 打开［上机 10-17］，并在长方体的各个表面上创建用户坐标系，要求各用户坐标系的 Z 轴方向朝外。

【上机 10-22】 创建如图 10-6 所示立体，立体斜面上为一圆孔，圆孔半径也 30，深度为挖通。

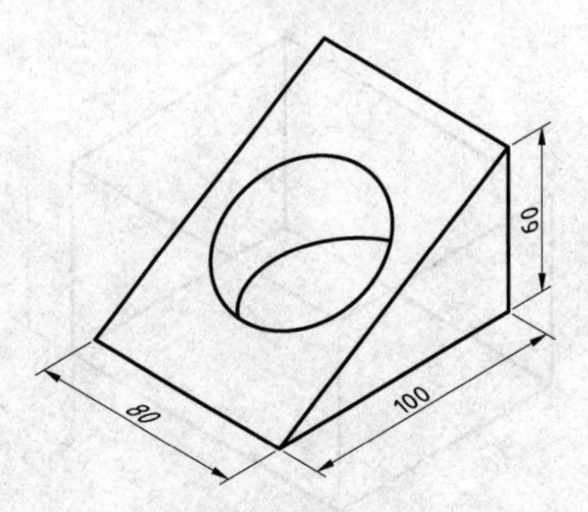

图 10-6　楔体与圆孔

10.4　课　后　练　习

【练习 10-1】 创建如图 10-7 所示方桶实体造型。

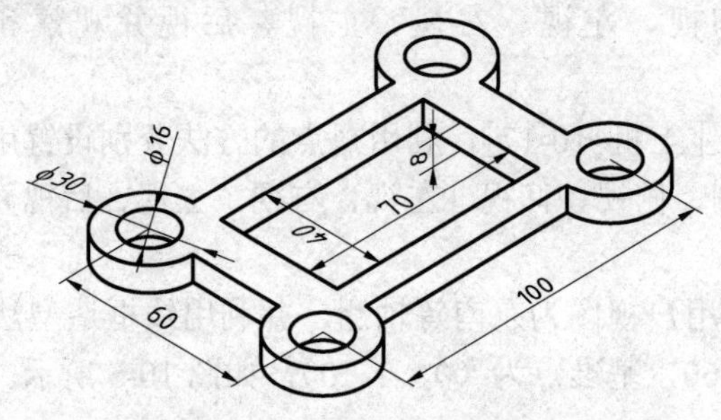

图 10-7　方桶实体造型

【练习 10-2】 创建如图 10-8 所示组合体造型。

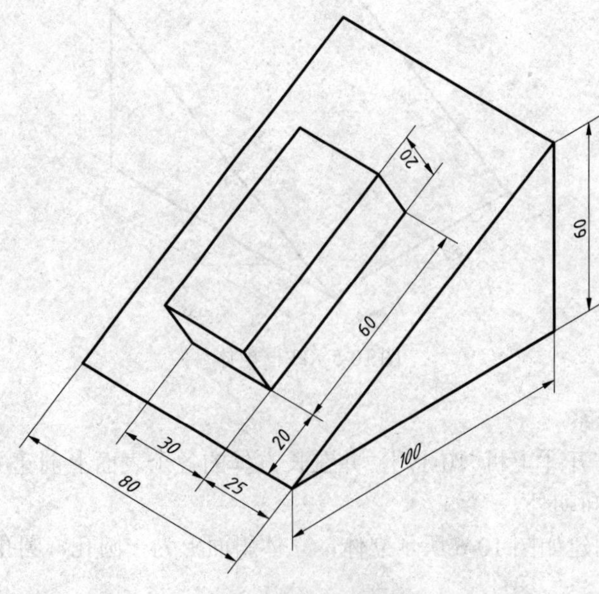

图 10-8　组合体造型

【**练习 10-3**】 创建如图 10-9 所示组合体造型。

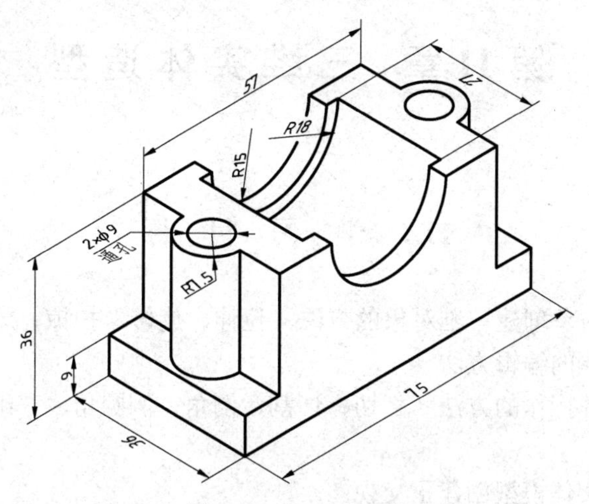

图 10-9　组合体造型

【**练习 10-4**】 创建如图 10-10 所示线框六棱柱造型。

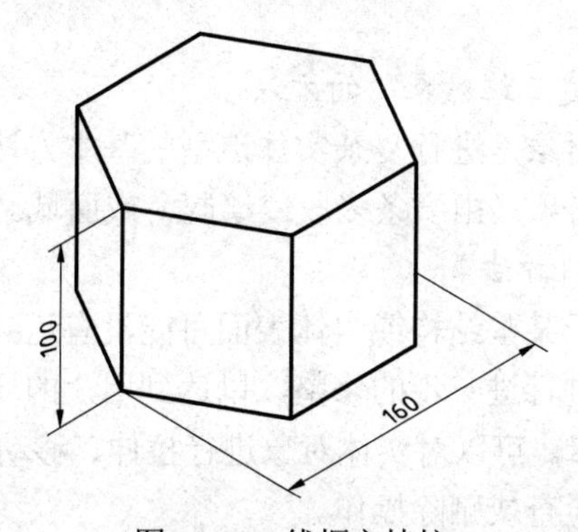

图 10-10　线框六棱柱

第 11 章　三维实体造型

11.1 学 习 目 标

（1）练习由二维对象创建三维对象的方法（拉伸、旋转、扫掠、放样、按住并拖动）。

（2）练习三维实体的编辑方法。

（3）练习三维实体操作的方法（剖切、切割、倒角，倒圆角、三维镜像、三维旋转、三维阵列和对齐等）。

（4）练习由三维实体模型创建正交视图。

11.2 知 识 要 点

1. 关于“由二维对象创建三维对象”的方法

利用二维对象创建三维对象是进行复杂实体造型的基本方法之一。在造型过程中应注意二维对象必须是封闭的单一对象（由一条多段线绘制）或面域。

2. 关于“三维实体的编辑方法”

实体造型完成之后，对于某些结构或实体表面可能没有达到要求，此时可以利用三维实体表面的编辑方法对对实体进行进一步的修整，以达到用户的要求。三维实体面的编辑方法包含边编辑、面编辑和体编辑。可以对实体对象进行拉伸、移动、旋转、偏移、倾斜、复制、着色、分割、抽壳、清除、检查或删除操作。

3. 关于“三维实体剖切与切割的方法”

三维实体剖切与切割使用方法相似，其中三维实体剖切主要用于将实体从剖切面分开生成一个或两个新实体。而三维实体切割主要用于实体截面的创建。在使用这两个命令过程中应注意两命令的区别和剖切平面的选择方法。

4. 关于“三维实体的操作方法”

三维实体的操作方法主要包括倒角，倒圆角、三维镜像、三维旋转、三维阵列和对齐等。这些方法主要用于三维实体的修整和三维实体中相同结构的创建。另外，在二维造型中使用的复制、移动、旋转、镜像、阵列等命令也适用于三维实体。

5. 关于“由三维实体模型创建正交视图”

由三维实体模型创建正交视图主要用于工程图的创建，它使用的是图纸空间，应与由视口创建视图进行区别，在使用过程中应注意基础设置和操作步骤。

11.3 上 机 内 容

11.3.1 由二维对象创建三维对象

【上机 11-1】 拉伸（EXTRUDE）带斜度的实心体（底圆半径为 50，实体高 40，斜度为 15°），如图 11-1 所示。

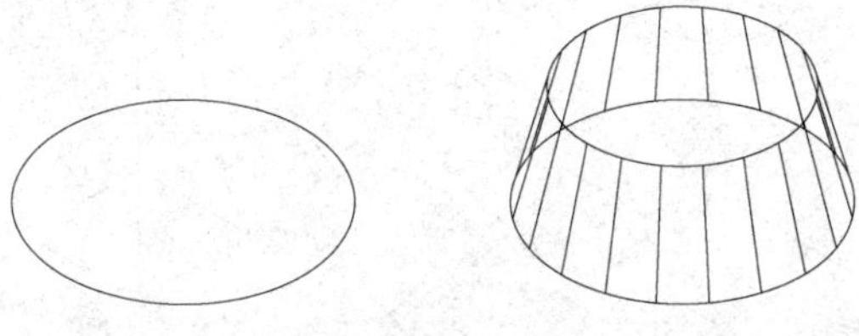

图 11-1　拉伸实体

【上机 11-2】 请用多段线命令（PLINE）绘制左侧图形，用旋转命令（REVOLVE）命令生成右侧图形。旋转轴为最长竖直线。如图 11-2 所示。

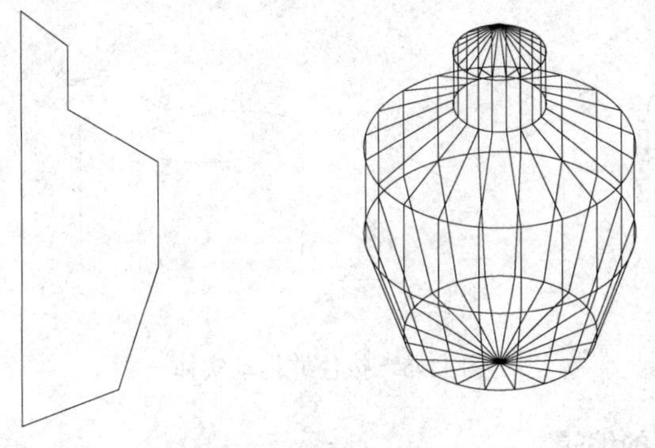

图 11-2　旋转实体

【上机 11-3】 利用螺旋线命令（HELIX）和扫掠命令创建弹簧，如图 11-3 所示。其中螺旋线底面半径为 20；顶面半径为 20；圈数为 6；扭曲方向为 CCW；螺旋高度为 80。小圆的直径为 1.5。

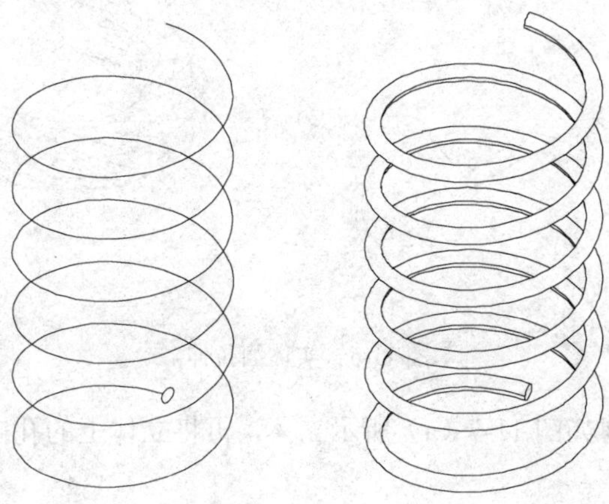

图 11-3　扫掠实体

【上机 11-4】 利用放样命令（LOFT）创建如图 11-4 所示立体。

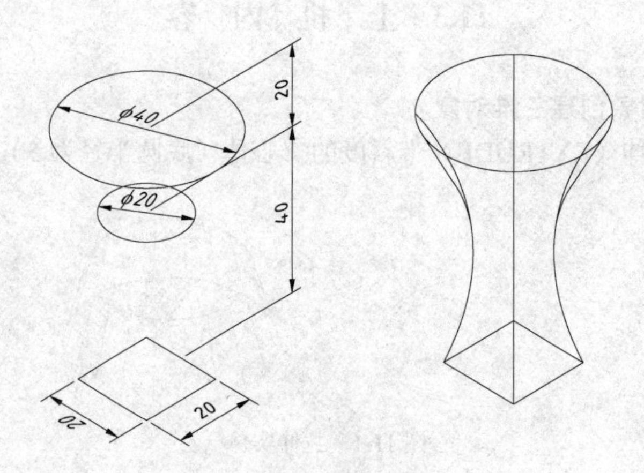

图 11-4 放样实体

【上机 11-5】 利用按住并拖动命令（PRESSPULL）创建如图 11-5 所示实体，尺寸自定。

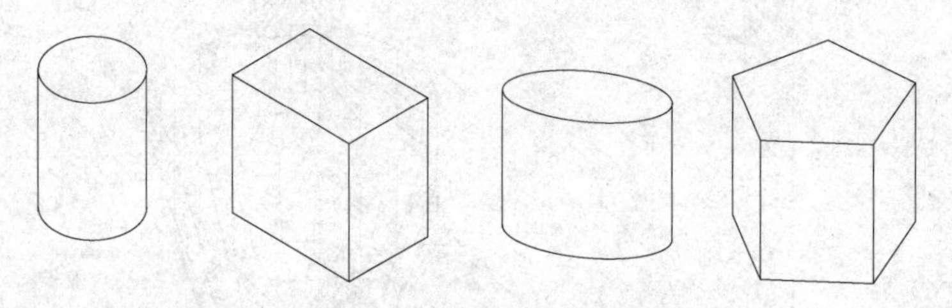

图 11-5 按住并拖动实体

11.3.2 三维实体面的编辑

【上机 11-6】 先创建如图 11-6（a）所示圆柱和路径，并将圆柱端面沿路径拉伸到如图 11-6（b）所示，其中圆柱后端拉伸长度为 20，角度为 15。

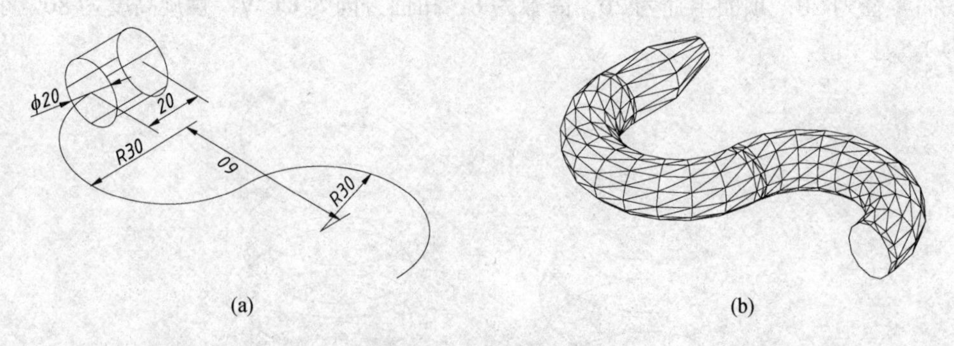

图 11-6 实体面拉伸

【上机 11-7】 先创建如图 11-7（a）所示立体，再将立体上的孔向右沿箭头方向移动 40，结果如图 11-7（b）所示。

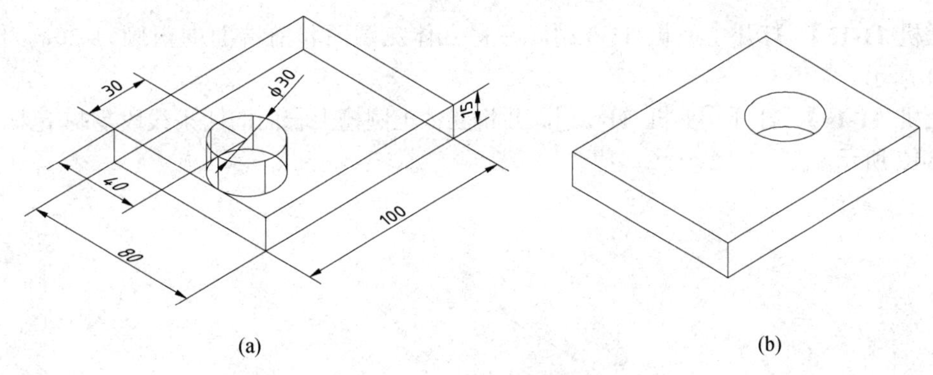

图 11-7　实体面移动

【上机 11-8】 打开［上机 11-7］，并将立体上的圆孔移至上表面的中心处，再将圆孔向外偏移 5，结果如图 11-8 所示。

【上机 11-9】 打开［上机 11-8］，并将立体上的圆孔删除。

【上机 11-10】 打开［上机 11-7］，并将圆孔向左移动 40，再向内偏移 5，最后将立体上表面复制下来，结果如图 11-9 所示。

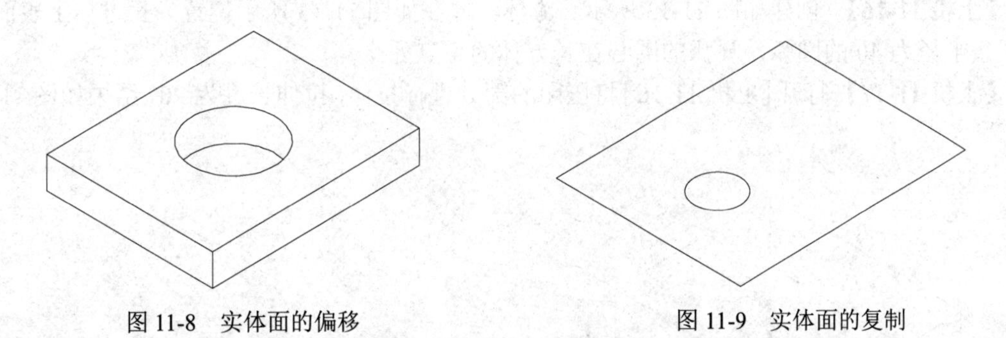

图 11-8　实体面的偏移　　　　图 11-9　实体面的复制

【上机 11-11】 打开［上机 11-7］，并将立体上表面着色成红色。

【上机 11-12】 创建如图 11-10（a）所示立体，并将中间的长圆槽绕左端的圆孔轴线逆时针旋转 90°，结果如图 11-10（b）所示。

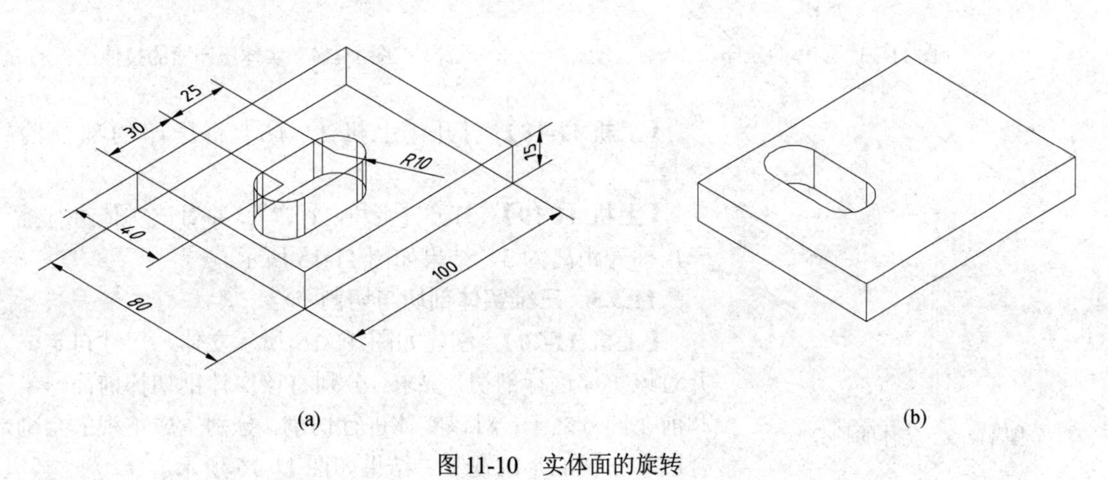

图 11-10　实体面的旋转

【上机 11-13】 打开［上机 11-12］，并将立体左端面和前端面向内倾斜 30°，结果如图 11-11 所示。

【上机 11-14】 打开［上机 11-13］，并将立体上圆槽上表面的四条线段复制下来，结果如图 11-12 所示。

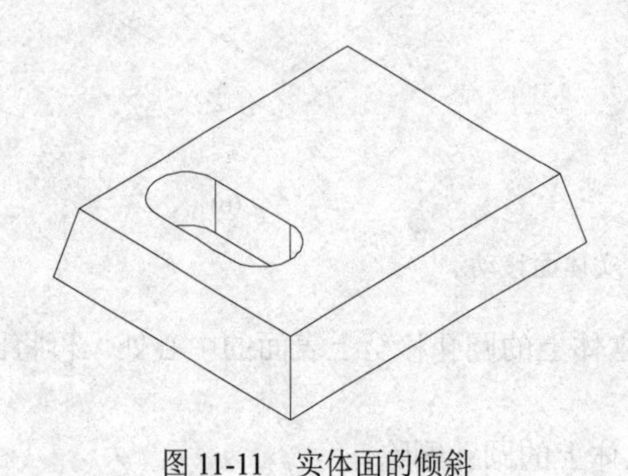

图 11-11　实体面的倾斜

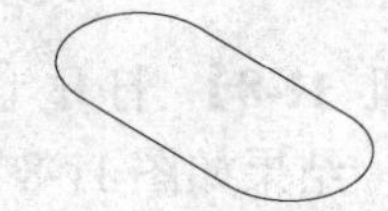

图 11-12　实体边的复制

【上机 11-15】 打开［上机 11-13］，并将立体四条侧棱线着色成绿色。

【上机 11-16】 创建如图 11-13 所示长方体，并在如图 11-13 所示位置为长方体上表面压印一条半径为 40 的圆弧，圆弧的圆心在长方体的角点处。

【上机 11-17】 打开［上机 11-16］将压印的部分进行拉伸，拉伸长度为 20，结果如图 11-14 所示。

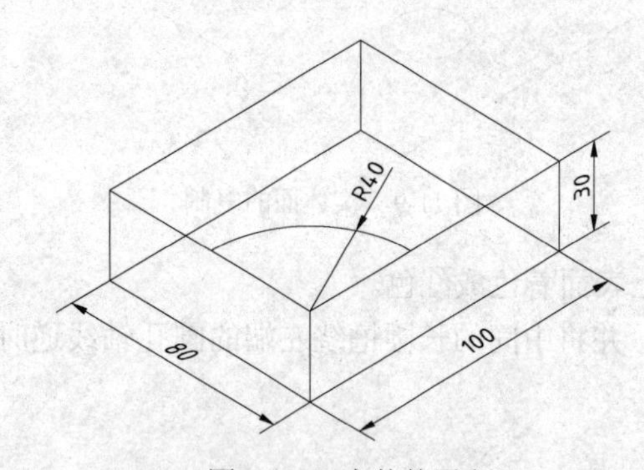

图 11-13　实体的压印

图 11-14　实体压印面的拉伸

图 11-15　实体的抽壳

【上机 11-18】 打开［上机 11-16］将压印的部分清除掉。

【上机 11-19】 打开［上机 11-17］，并对该实体进行抽壳，抽壳距离为 3，结果如图 11-15 所示。

11.3.3　三维实体剖切与切割

【上机 11-20】 创建如图 11-16 所示立体，尺寸自定，并对该实体进行剖切，要求：分别将该实体剖切掉前面一半和前左四分之一；对该实体进行切割，分别生成主视的全剖视图和左视的半剖视图。结果如图 11-16 所示。

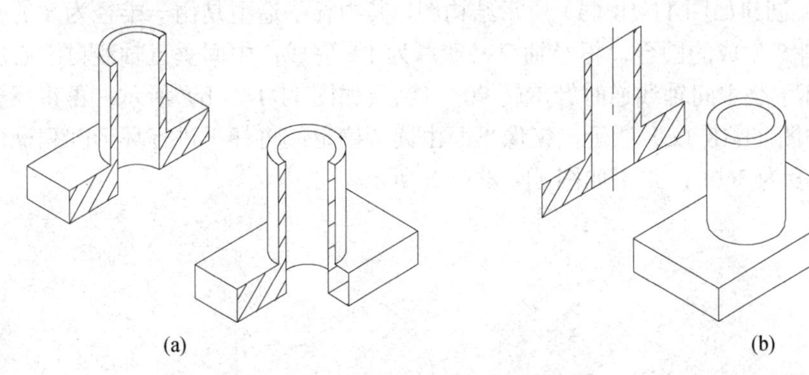
(a)　(b)

图 11-16　剖切与切割

（a）剖切；（b）切割

提示

（1）剖切掉前面一半：将实体造型完成后，使用剖切命令（SLICE）将立体沿与 XOZ 平面平行的对称平面剖开，并保留后面一半实体。

（2）剖切前左四分之一：将实体造型完成后，使用剖切命令（SLICE）将立体沿与 XOZ 平面平行的对称平面剖开，再将剖开的立体沿与 YOZ 平面平行的对称平面剖开，最后将立体前左四分之一立体删除。

（3）生成全剖视图：将实体造型完成后，使用切割命令（SECTION）将立体沿与 XOZ 平面平行的对称平面切割，将生成的图形移动到合适位置后再将其编辑成全剖视图。

（4）生成半剖视图：将实体造型完成后，使用切割命令（SECTION）将立体沿与 YOZ 平面平行的对称平面切割，将生成的图形移动到合适位置后再将其编辑成半剖视图。

11.3.4　三维实体的操作如倒角，倒圆角、三维镜像、三维旋转、三维阵列和对齐等

【上机 11-21】 创建两个长方体，长方体的长、宽、高均为 80，60，30；并为长方体各边进行倒角和倒圆操作，倒角边长度为 5 或倒圆半径长为 5，结果如图 11-17 所示。

(a)　(b)

图 11-17　三维实体的倒角和倒圆

（a）倒角；（b）倒圆

【上机 11-22】 创建如图 11-18（a）所示结构图，其中杯子造型是由一半径为 8 的圆向上拉伸 20，向外倾斜 8 生成的圆台，再经抽壳（壁厚为 1）完成；中间垂直轴线自圆心出发，长度为 50。请将杯子绕中间轴线逆时针旋转 90°，结果如图 11-18（b）所示；再将杯子进行镜像操作，结果如图 11-18（c）所示，镜像平面由读者确定；将杯子进行环形阵列操作，阵列数为 4，填充角度为 360°，结果如图 11-18（d）所示。

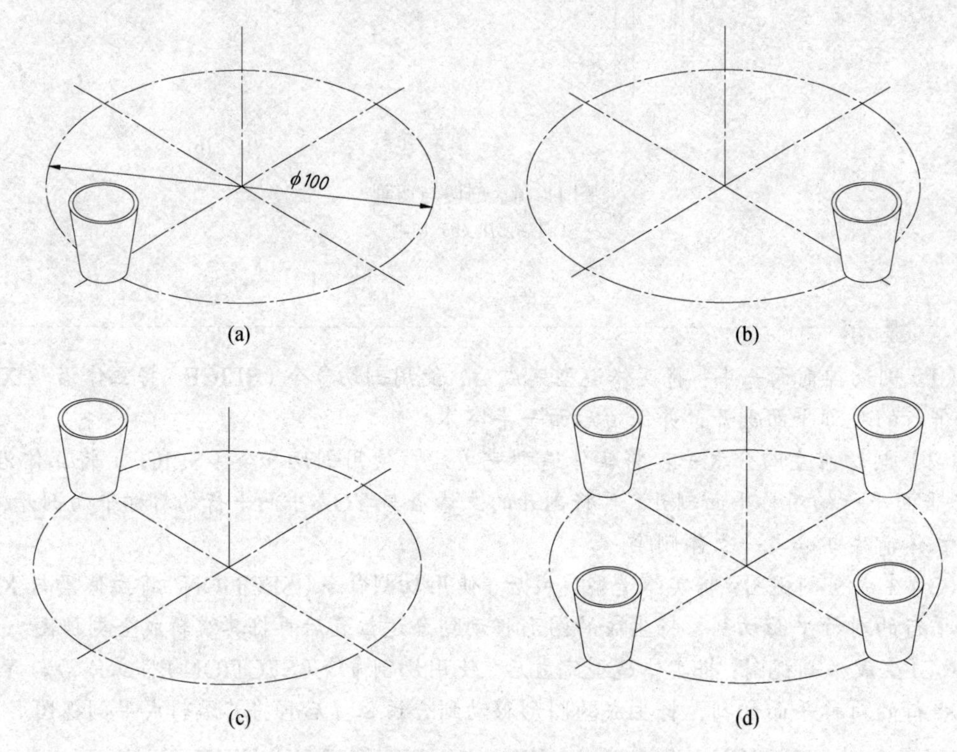

图 11-18　三维实体的旋转、镜像和阵列

（a）原图；（b）实体旋转；（c）实体镜像；（d）实体阵列

【上机 11-23】 创建如图 11-19（a）所示长方体和圆柱、并利用对齐命令把它们组合成如图 11-19（b）所示立体。

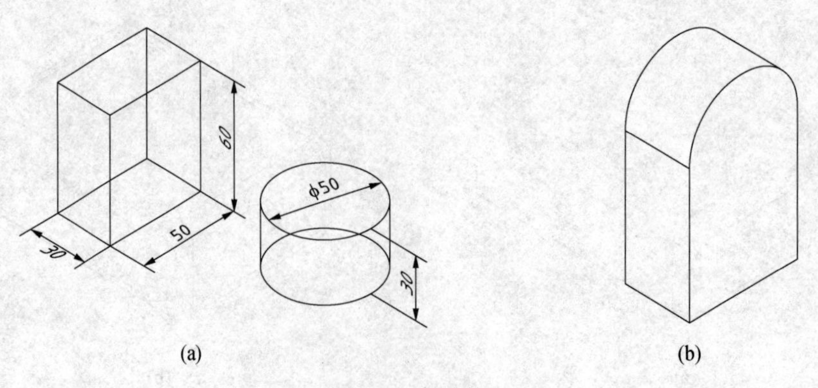

图 11-19　对齐

（a）组合前图形；（b）组合后图形

11.3.5　由三维实体模型创建正交视图

【上机 11-24】 由图 11-20 所示三视图和立体模型创建实体，再利用三维实体模型转为三维正交视图，要求：主视图、俯视图为视图，左视图为全剖视图。另外再作一轴测视图配置在图幅右下角。

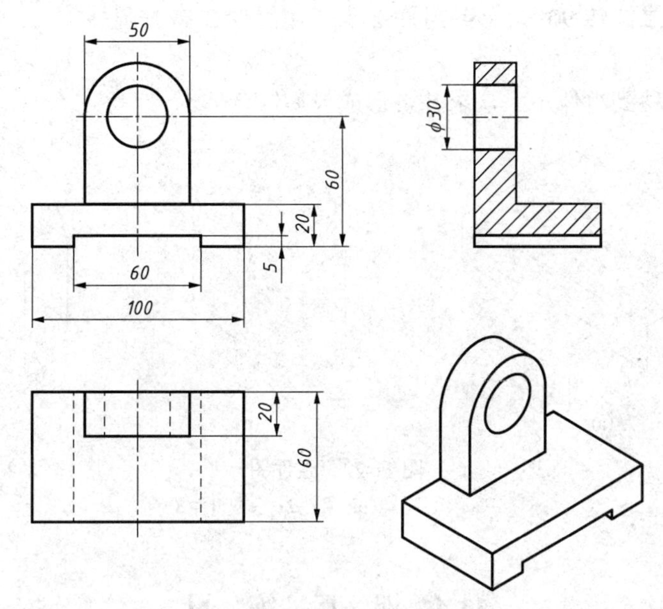

图 11-20　由三维实体模型创建正交视图

提示

该组合体由五个基本体构成，如图 11-21 所示。基本体为长方体一（长 100、宽 60、高 20）、长方体二（长 60、宽 60、高 5）、长方体三（长 50、宽 20、高 40）、圆柱体一（半径为 25，高为 20）、圆柱体二（半径为 15，高为 20）。

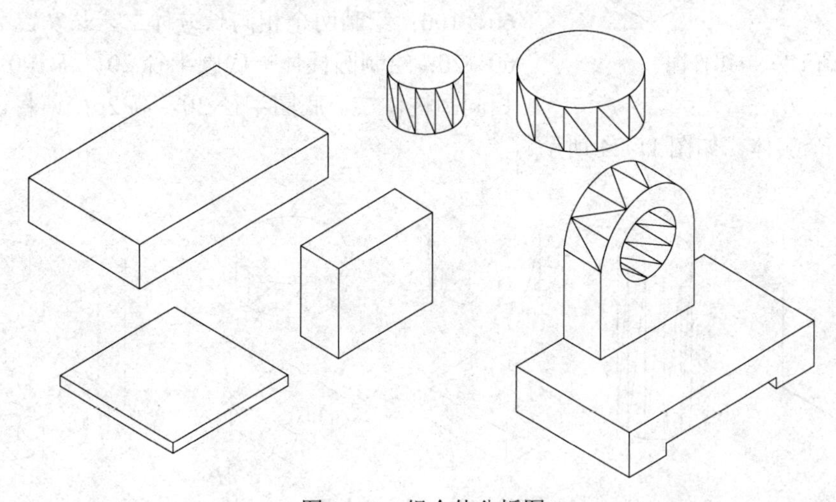

图 11-21　组合体分析图

作图步骤：

（1）用长方体一减去（布尔差集运算）长方体二形成组件 1，如图 11-22（a）所示。

（2）用对齐命令将圆柱体一与长方体三对齐。并将二基本体求并（布尔并集运算）形成组件 2，如图 11-22（b）所示。

（3）将圆柱体二旋转 90°，移到组件 2 上。用组件 2 减去圆柱体二，形成组件 3，如图 11-22（c）所示。

（4）将组件 3 移到组件 1 上，求并，形成最后组合体。

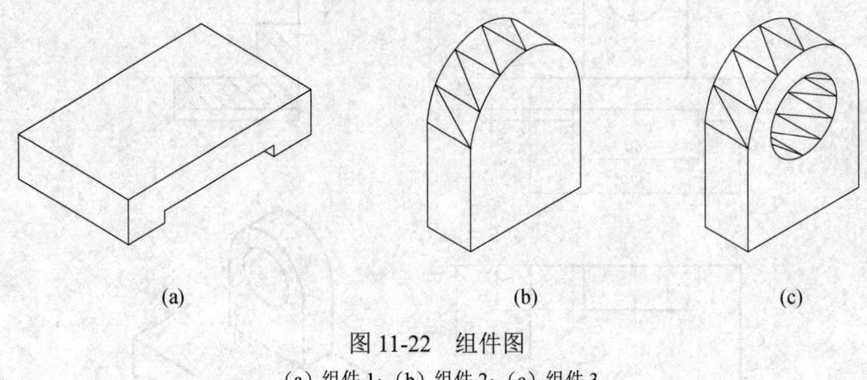

图 11-22　组件图

（a）组件 1；（b）组件 2；（c）组件 3

11.4 课 后 练 习

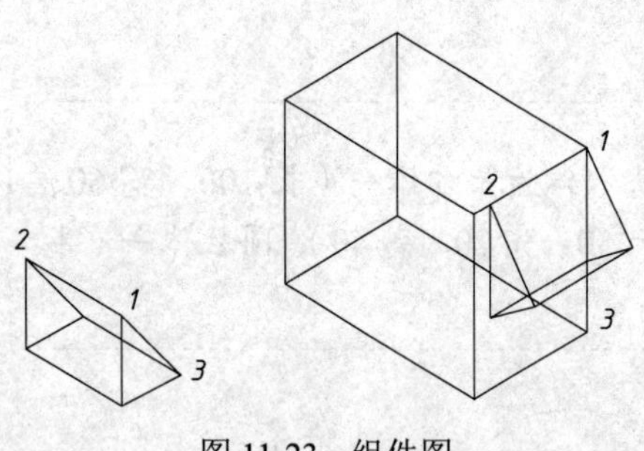

图 11-23　组件图

【练习 11-1】 设置 ISOLINES 参数为 10，视图设置为西南等轴测视图，绘制如下长方体（长 60、宽 100、高 80）和一个楔体（长 30、宽 50、高 40）。请将楔体移至如图 11-23 右侧位置，如图 11-23 所示（提示：源点与目标点分别选取图 11-23 所示 1、2、3 点）。

【练习 11-2】 请绘制长方体一，长宽高分别为 20、60、100；绘制两个相同长方体二，长宽高分别为 40、60、20；绘制圆柱体一底圆半径 20，高 100；绘制两个相同圆柱体二，底圆半径 30，高 20；请将以上基本实体组合成一个实体，如图 11-24 所示。

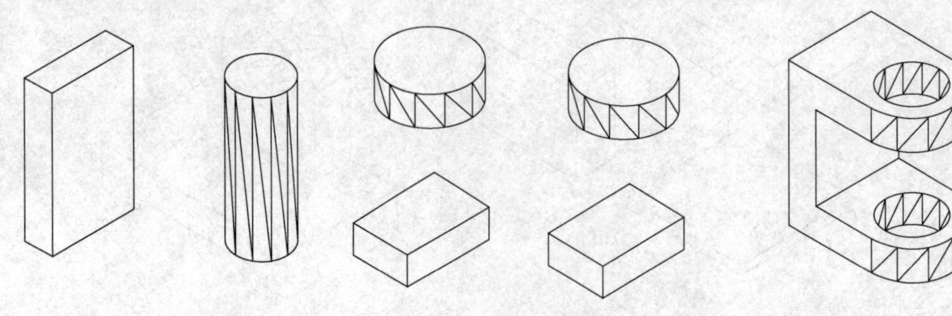

图 11-24　组合立体图

【练习 11-3】 由图 11-25 给出的三维实体模型和平面图尺寸创建立体再由立体创建正交视图。

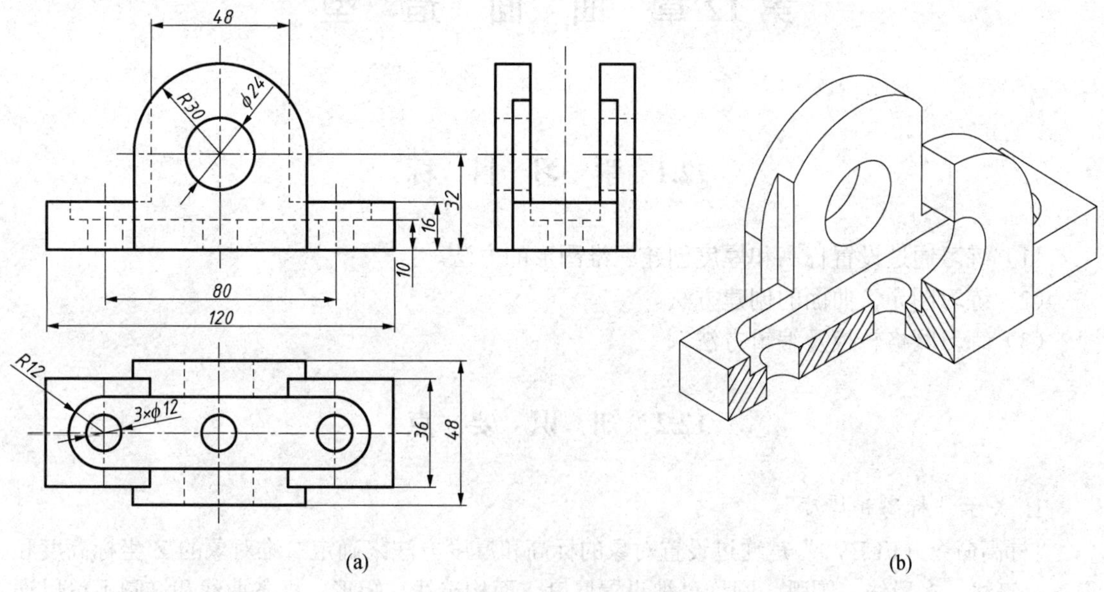

图 11-25　由三维实体模型创建正交视图

（a）平面图；（b）立体图

第12章 曲 面 造 型

12.1 学 习 目 标

（1）练习通过设置标高和厚度创建三维图形的方法。

（2）练习图元、曲面的创建方法。

（3）练习网格转换及编辑方法。

12.2 知 识 要 点

1. 关于“标高和厚度”

“标高命令（ELEV）”是通过设置对象的标高和厚度方法来确定二维对象的Z坐标高度和厚度。直线、多段线、圆弧、圆均可被设置厚度，而构造线、矩形、样条曲线和椭圆不可以通过标高命令设置厚度，但其中矩形命令可以通过其命令选项中的标高选项和厚度选项来设置其标高和厚度。一般修改标高和厚度可以通过“CHANGE”命令或“特性”管理器的方法进行。

2. 关于“图元、曲面的创建方法”

图元其实就是网格基本体，其创建方法与实体基本体创建方法相似。

常见曲面的创建方法有旋转网格、平移网格、直纹网格和边界网格。旋转网格，主要用于创建围绕选定轴旋转而成的旋转网格；平移网格，主要用于创建沿路径曲线和方向矢量创建平移网格；直纹网格，主要用于创建在两条曲线之间创建直纹网格；边界网格，主要用于创建由四条邻接边边界定义的三维多边形网格曲面。

3. 关于“网格”

（1）“转换为曲面”命令可以将二维实体、面域、开放的、具有厚度的零宽度多段线、具有厚度的直线、具有厚度的圆弧、网格对象和三维平面转换为曲面。其转换后的曲面性质由SMOOTHMESHCONVERT命令决定。

（2）“平滑网格”命令可以将三维实体、三维曲面、三维面、面域、闭合多段线等对象转换为网格。利用“提高平滑度”“降低平滑度”可以调整网格的平滑度；

（3）利用“优化网格”可以增加网格的可编辑面数目。

（4）通过“增加锐化”可以使与选定子对象相邻的网格面和边变形。

（5）“分割网格面”可以将网格分割成两个面。

12.3 上 机 内 容

12.3.1 标高和厚度

【上机12-1】 先设置标高为30，厚度为50，再绘制直线、多段线、圆弧、圆、构造线、矩形、样条曲线和椭圆。观察并分析以上所绘图形的变化并总结规律。

【上机 12-2】 打开［上机 12-1］，利用“修改（CHANGE）”命令或“特性”管理器对所有的图形进行修改，将标高修改成 10，厚度修改成 20。再观察各个图形的变化并总结规律。

【上机 12-3】 利用标高命令完成如图 12-1 所示图形，其中矩形的长和宽均为 100，高为 30；小圆柱半径为 15，高为 40；大圆柱半径为 35，高度为 10；小圆柱底面与矩形底面标高相同。

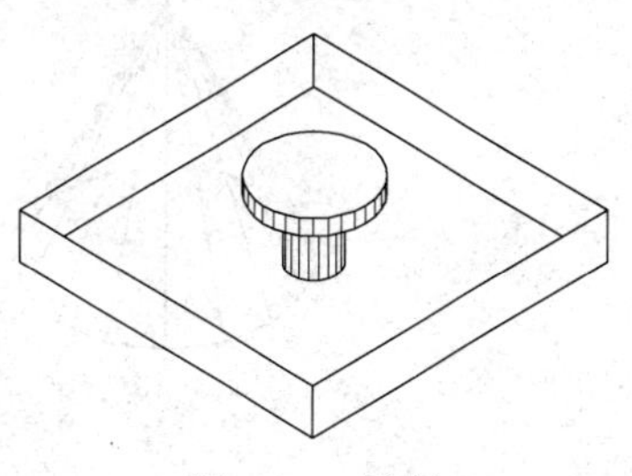

图 12-1　标高

12.3.2　三维面

【上机 12-4】 利用三维面命令（3DFACE）绘制如图 12-2 所示曲面长方体，长 50，宽 40，高 30；曲面楔体，长 50，宽 40，高 30；曲面棱锥，底面边长 50×50，高 80；并用边界命令（EDGE）隐藏不可见边。

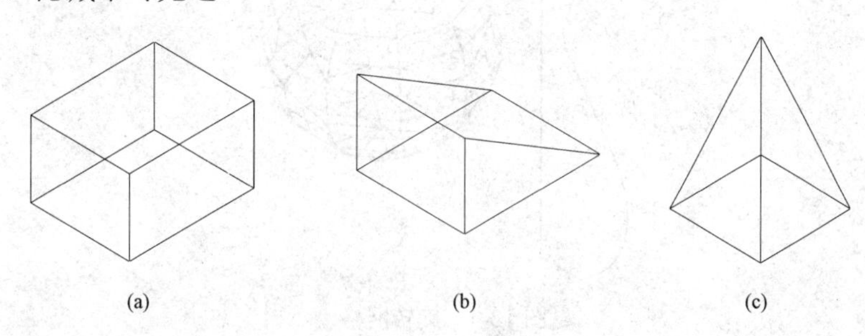

图 12-2　三维面

（a）曲面长方体；（b）曲面楔体；（c）曲面棱锥

12.3.3　图元

【上机 12-5】 创建图元，其中：

（1）网格长方体，长 50，宽 40，高 30，如图 12-3（a）所示。

（2）网格楔体，长 50，宽 40，高 30，如图 12-3（b）所示。

（3）网格棱锥，底面边长 50×50，高 80，如图 12-3（c）所示。

（4）网格圆锥体，底圆半径 30，高 60，圆锥网格线段数目 16，如图 12-3（d）所示。

（5）网格球体，半径 30，经线数目 16，纬线数目 16，如图 12-3（e）所示。

（6）网格圆环体，圆环面的半径 60，圆管的半径 10，环绕圆管圆周的线段数目 16，环绕圆环面圆周的线段数目 16，如图 12-3（f）所示。

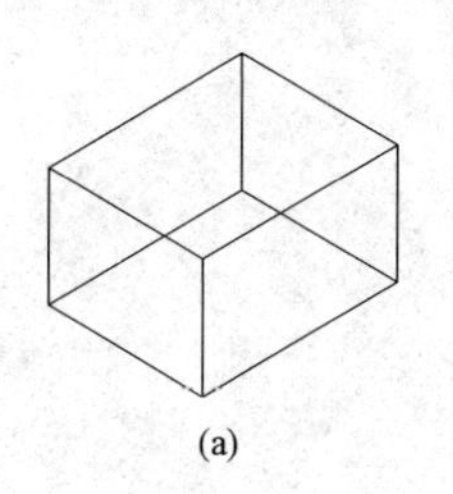

(a)

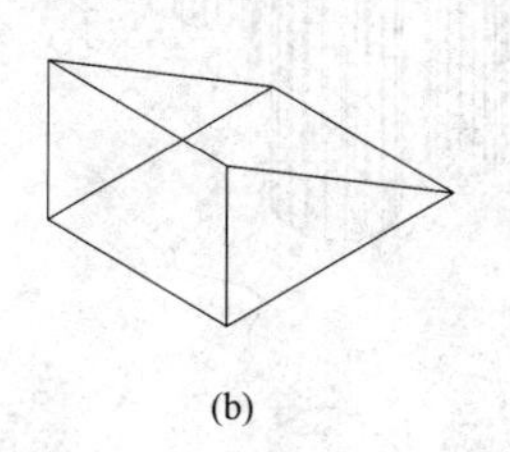

(b)

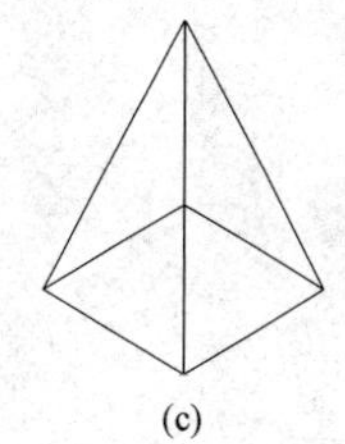

(c)

图 12-3　图元（一）

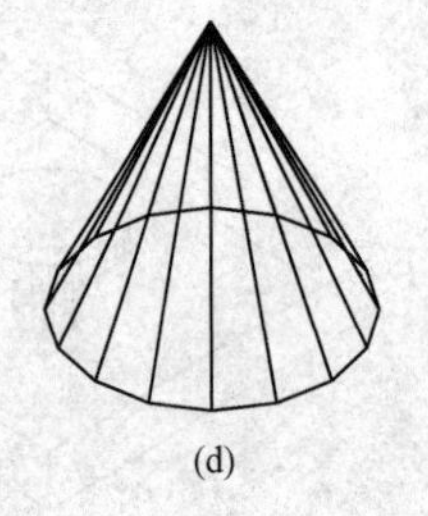
(d)

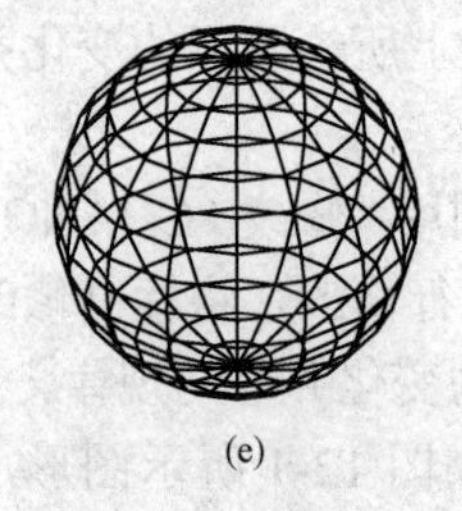
(e)

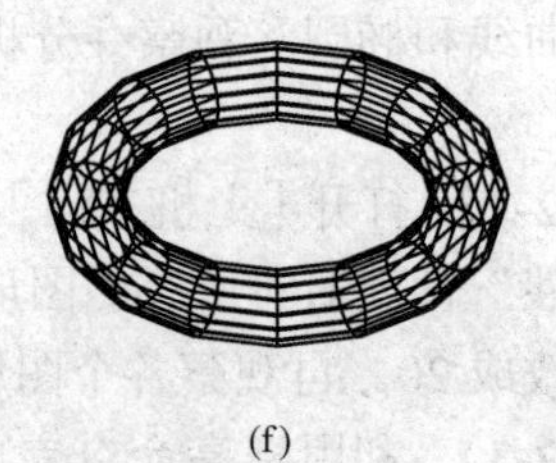
(f)

图 12-3　图元（二）

【上机 12-6】 构建如图 12-4 所示旋转网格（REVSURF）。

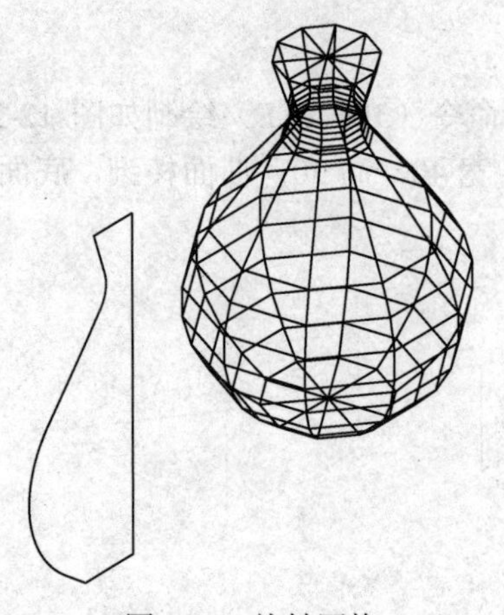

图 12-4　旋转网格

提 示

构建左侧截面图形，再将截面图形利用三维旋转网格（REVSURF）旋转成三维曲面模型。

【上机 12-7】 构建如图 12-5 所示三维平移网格（TABSURF）。

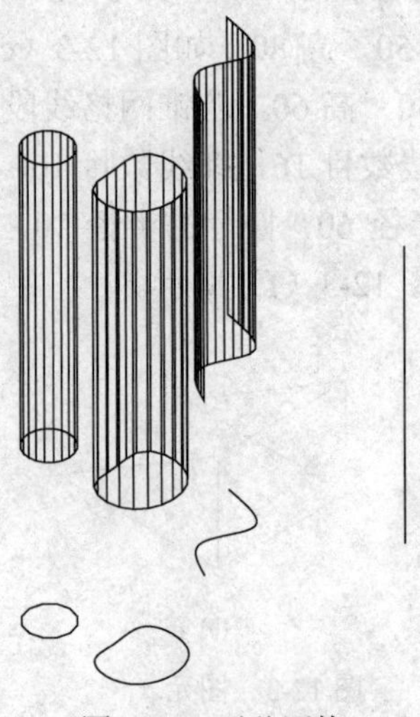

图 12-5　平移网格

提　示

（1）在水平面构建平面图形圆、样条曲线和由样条曲线构建的封闭图形。

（2）在主视图构建直线段。

（3）利用三维平移网格（TABSURF）命令将水平面的三个图形沿主视图直线段拉伸。

【上机 12-8】　构建如图 12-6 所示直纹网格（RULESURF）。

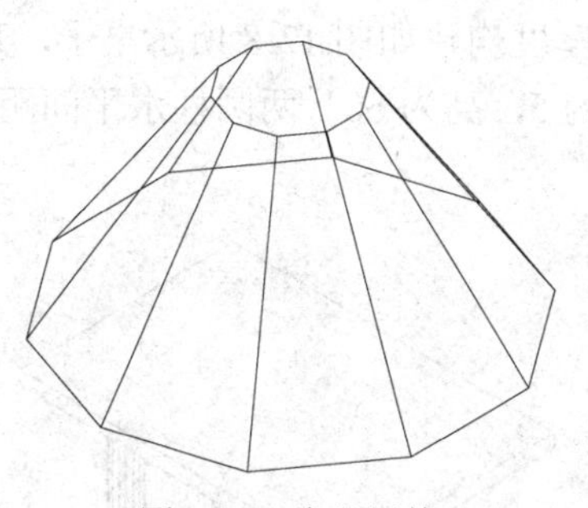

图 12-6　直纹网格

提　示

（1）以（0，0，0）为圆心，以 50 为半径构建圆一。

（2）以（0，0，50）为圆心，以 15 为半径构建圆二。

（3）设置系统变量 SURFTAB1 的值为 10。

（4）利用三维直纹网格（RULESURF）命令，选择二圆，就会在二圆之间构建如图 12-6 所示图形。

【上机 12-9】　构建如图 12-7 所示边界网格（EDGESURF）。

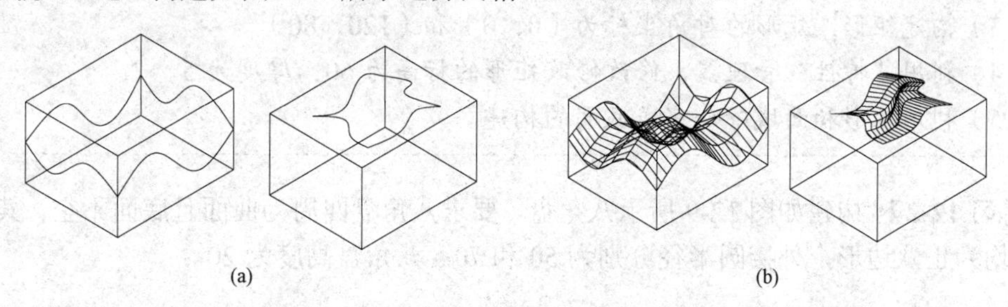

图 12-7　边界网格

（a）线框图；（b）边界网格图

提　示

（1）构建两个长方体。

（2）在长方体一各侧面构建一条样条曲线，并使四条样条曲线首尾相连。

（3）在长方体二上顶面构建四条样条曲线，并使四条样条曲线首尾相连。

（4）利用三维边界网格命令（EDGESURF）构建三维边界网格。

12.3.4　网格

【上机 12-10】 创建一个半径为 30，高度为 80 的网格圆锥体，然后对其进行“提高平滑度”2 次，“降低平滑度”1 次，“优化网格”1 次。

【上机 12-11】 打开［上机 12-10］，将优化后网格圆锥体的一个面分割成两个面。

12.4　课　后　练　习

【练习 12-1】 利用标高和厚度构建如图 12-8 所示桌子，其中长方体的长、宽、高分别为 120，80，5；圆柱的底圆半径为 5，高为 60。两圆柱水平间距离为 80，垂直间距离为 40。要求桌子上表面不空。

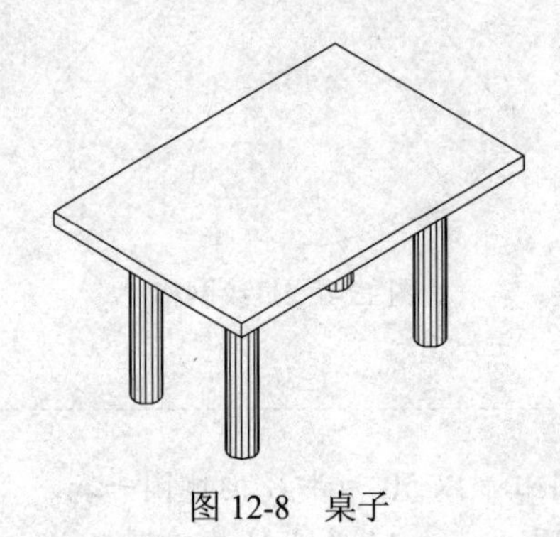

图 12-8　桌子

提 示

（1）设置标高为 0，厚度为 60。

（2）构建半径为 5 的底圆，圆心坐标为（20，20）；并将其进行矩形阵列，行间距为 40，列间距为 80。

（3）构建矩形，矩形的对角坐标为（0，0）和（120，80）。

（4）利用“特性”管理器，修改修改矩形的标高为 60，厚度为 5。

（5）利用矩形和面域命令完成底面的构建。

【练习 12-2】 构建如图 12-9 所示八角盘，要求八角盘四周为曲面且底面不空。其中底面和顶面均为正八边形，外接圆半径分别为 50 和 70；八角盘高度为 20。

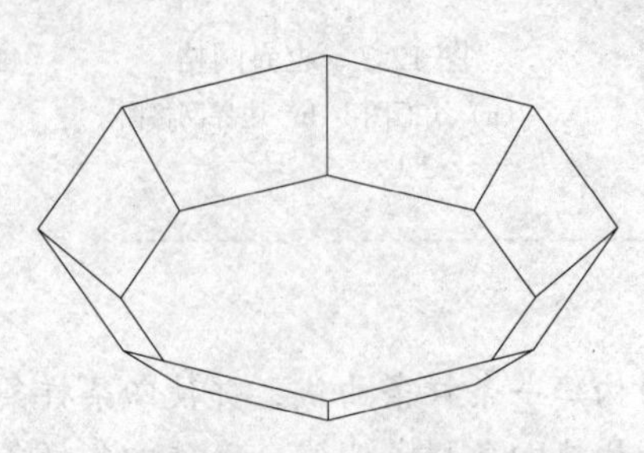

图 12-9　八角盘

提 示

（1）构建半径为 50 的底圆。
（2）构建与底圆圆心 X，Y 坐标相同，但 Z 坐标高 20 的顶圆，半径为 70。
（3）利用直纹网格命令完成四周曲面的构建。
（4）利用多段线和面域完成底面的构建。

【练习 12-3】 构建如图 12-10 所示茶杯盖，尺寸自定。

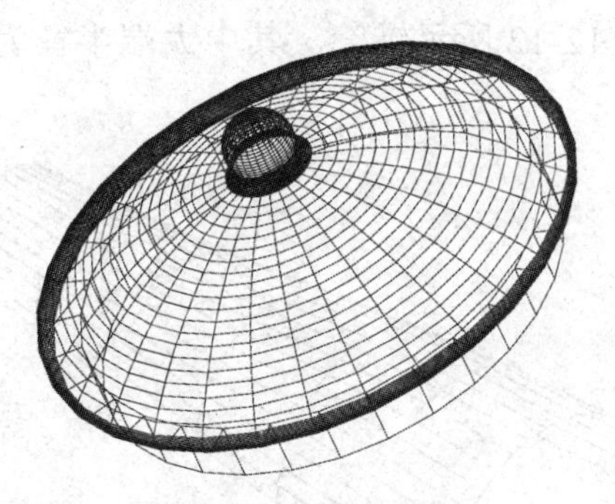

图 12-10　茶杯盖

提 示

（1）构建茶杯盖截面图，注意截面不必封闭。
（2）利用旋转网格命令对截面图进行旋转造型。

思考：如何构建一个茶杯与茶杯盖相配？

【练习 12-4】 构建如图 12-11 所示宫殿。

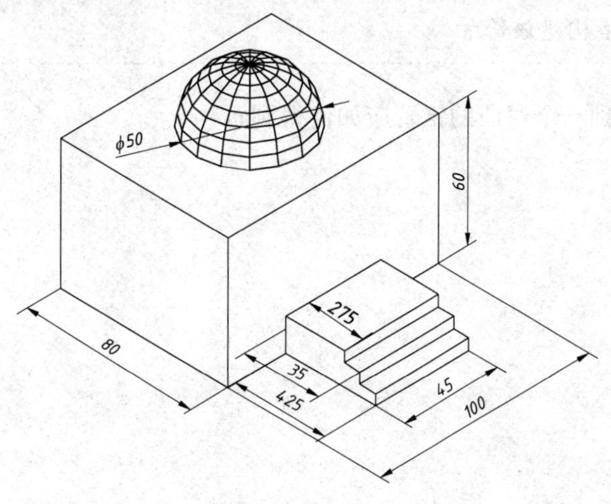

图 12-11　宫殿

提示

（1）构建曲面长方体，长、宽、高、转角分别为 100、80、60 和 0。起点坐标为（0，0）。
（2）设置标高为 60，厚度为 0；构建直径为 50 的上半球面。
（3）利用多段线创建台阶截面和拉伸路径。利用平移网格命令拉伸出台阶并移到图示位置。
（4）利用多段线和面域命令完成侧面的构建。

思考：若希望得到宫殿四周均有台阶该如何继续操作？

【练习 12-5】 构建如图 12-12 所示锥管。其中大端半径为 20，小端半径为 10，长度为 100。

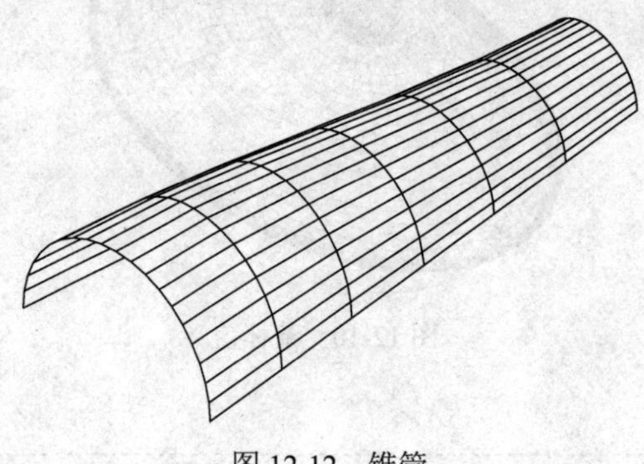

图 12-12 锥管

提示

（1）构建大端半圆，半径为 20。圆心坐标为（0，0）。
（2）设置标高为 100，构建小端半圆，半径为 10，圆心坐标为（0，0）。
（3）用直线连接相应大圆端点和小圆端点。
（4）用边界网格构建该锥管。

思考：若希望得到一个弯曲的锥管应如何得到？

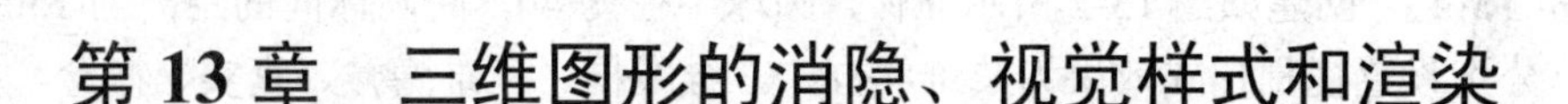

第13章　三维图形的消隐、视觉样式和渲染

13.1　学　习　目　标

（1）学习消隐命令和相关参数。

（2）学习对图形对象进行视觉样式方法。

（3）学习对图形对象进行渲染的方法。

13.2　知　识　要　点

1. 关于“消隐”

“消隐命令（HIDE）”是通过隐藏屏幕上被遮挡住的线条来表达图形的。消隐命令（HIDE）不可以用于图层被冻结的对象，但可以用于图层被关闭或锁定的对象。与消隐有关的系统变量有三个，DISPSILH、HIDETEXT和INTERSECTIONDISPLAY。

2. 关于“视觉样式”

“视觉样式”是通过隐藏屏幕上被遮挡住的线条并对立体表面进行着色来表达图形的。视觉样式包括：二维线框（2）、三维线框（3）、三维隐藏（H）、真实（R）和概念（C）。

3. 关于“渲染”

“渲染”命令是通过根据系统定义的材质、场景、光源等附加给物体，使生成的物体图像更加真实的方法来表达图形的。

13.3　上　机　内　容

13.3.1　消隐

【上机13-1】 创建圆柱，圆柱底圆半径为30，高为60；分别设置系统变量DISPSILH为0和1，再执行消隐命令并观察圆柱的消隐效果。

【上机13-2】 创建长方体，长方体的长、宽、高分别为100、80、60。在长方体的左侧面上输入文本“左侧面”；在长方体的下表面输入文本“下表面”；使文本的中心与表面的中心重合。分别设置系统变量HIDETEXT为0和1，再执行消隐命令并观察文字的消隐效果。

【上机13-3】 创建圆柱，圆柱底圆半径为30，高为60；创建长方体，长方体的长、宽、高分别为100、20、30，移动长方体与圆柱相交，如图13-1所示。分别设置系统变量INTERSECTIONDISPLAY为0和1，再执行消隐命令并观察圆柱的消隐效果。

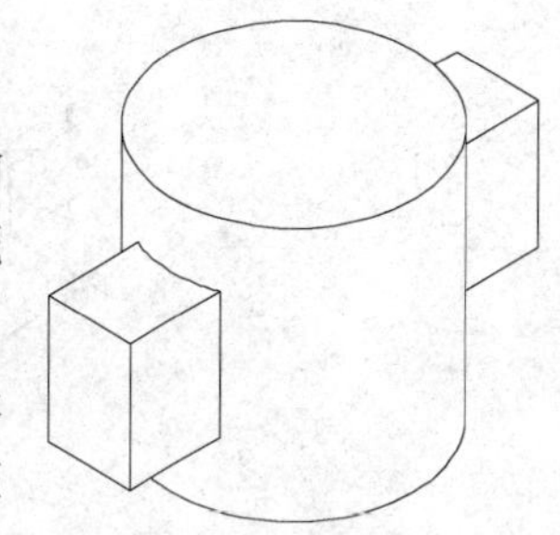

图13-1　消隐

13.3.2 视觉样式

【上机 13-4】 创建如图 13-2 所示立体，圆球半径为 40，两圆球间的距离为 150，圆柱半径为 20。分别设置视觉样式效果为二维线框、三维线框、三维隐藏、真实、概念，并观察各种视觉样式的效果和区别。

13.3.3 三维渲染

【上机 13-5】 设置 ISOLINES 参数为 10，视窗设置为西南等轴测视图，绘制如图 13-3 所示长方体（长 100、宽 60、高 80），请对该长方体进行渲染处理，材质为“木材－枫木”。（提示：选择下拉菜单“工具”—“选项板”—“工具选项板”，打开“材质浏览器”，找到该种材质并赋予长方体，选择下拉菜单“视图”—“渲染”—“高级渲染设置”。）

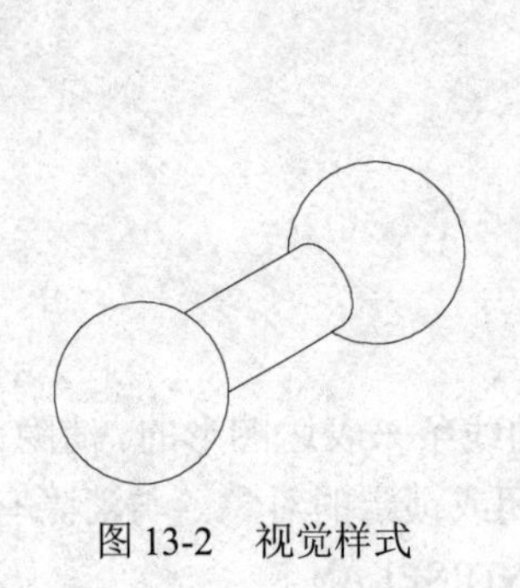

图 13-2 视觉样式

图 13-3 渲染

13.4 课 后 练 习

【练习 13-1】 绘制下面图形，并对其进行消隐，效果与图 13-4 一致。

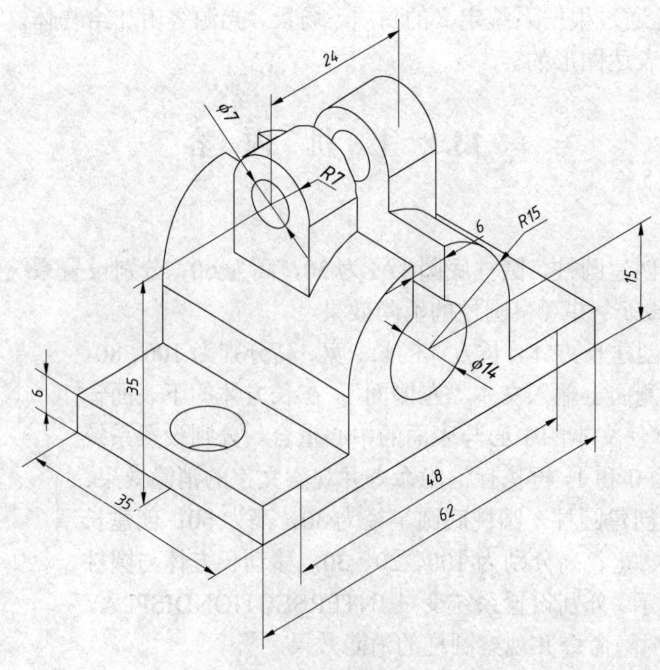

图 13-4 消隐练习

【练习 13-2】 创建如图 13-5 所示立体，并对其进行视觉样式设置，效果与图 13-5 一致。

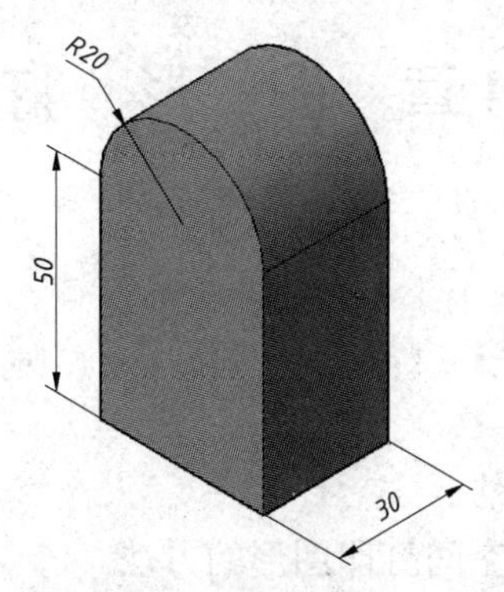

图 13-5　视觉样式练习

【练习 13-3】 创建如图 13-6 所示长方体，长方体的长、宽、高为 100、80、60；并对其进行渲染。材质为“红桦木”。

图 13-6　渲染练习

第 14 章　图　形　打　印

14.1　学　习　目　标

（1）学习打印参数的设置方法。
（2）学习在模型空间和图纸空间打印图形的方法。
（3）学习电子图纸的创建方法。

14.2　知　识　要　点

在 AUTOCAD 中打印图形的方法一般有三种方法，第一种是从模型空间出图；第二种是从图纸空间出图；第三种是创建电子图纸。在模型空间出图时，应注意图纸打印区域的设置。从图纸空间出图，可不理会原图绘制比例的大小。电子图纸一般是为将 AUTOCAD 图形传送到网络中，供大家自网络查看。

14.3　上　机　内　容

14.3.1　在模型空间和图纸空间打印图形

【上机 14-1】 绘制图 14-1 并将其从模型空间打印出来。

【上机 14-2】 绘制图 14-2 并将其从图纸空间打印出来。

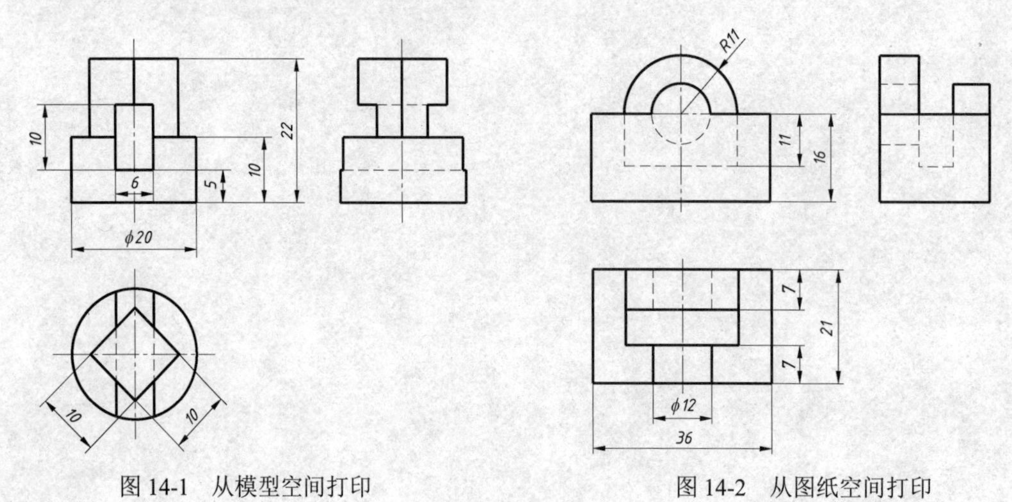

图 14-1　从模型空间打印

图 14-2　从图纸空间打印

14.3.2　电子图纸

【上机 14-3】 绘制图 14-3 并将其在网页上发布出来。

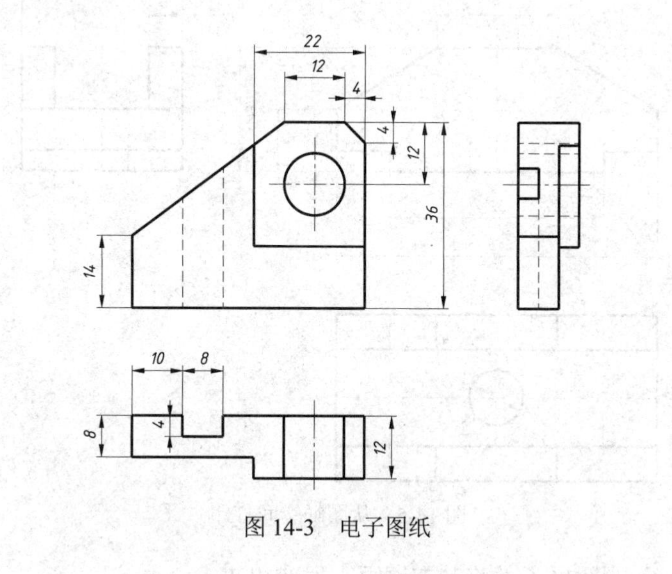

图 14-3 电子图纸

14.4 课 后 练 习

【练习 14-1】 绘制图 14-4 并将其从模型空间打印出来。

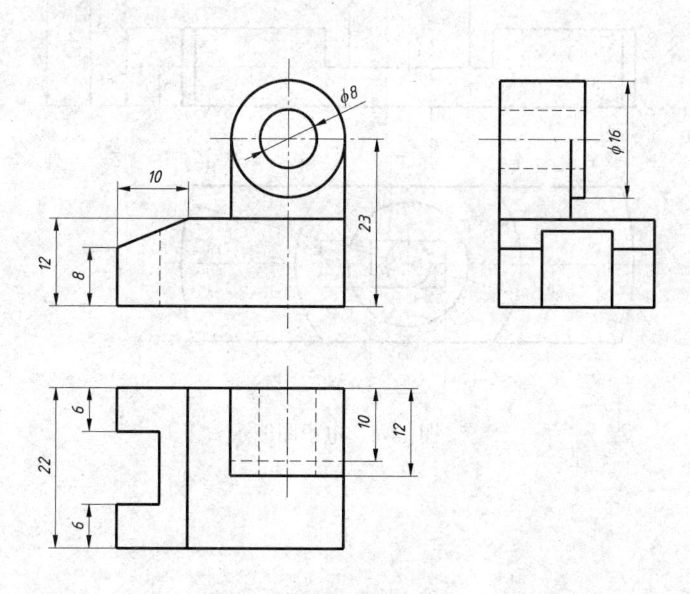

图 14-4 从模型空间打印

【练习 14-2】 绘制图 14-5 并将其从图纸空间打印出来。

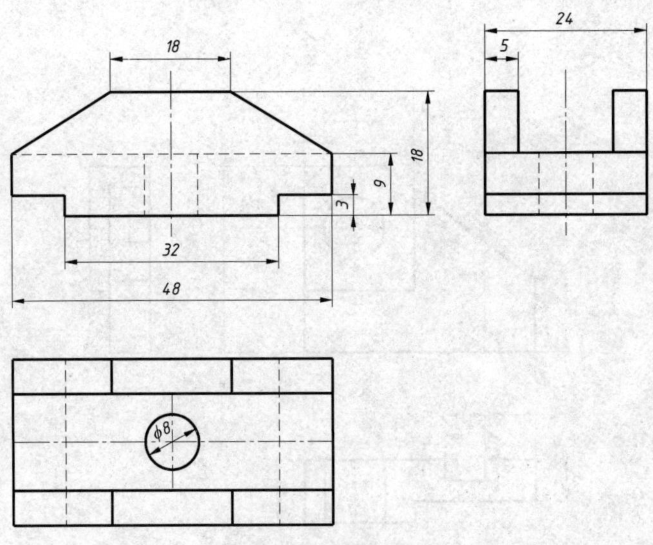

图 14-5 从图纸空间打印

【练习 14-3】 绘制图 14-6 并将其在网页上发布出来。

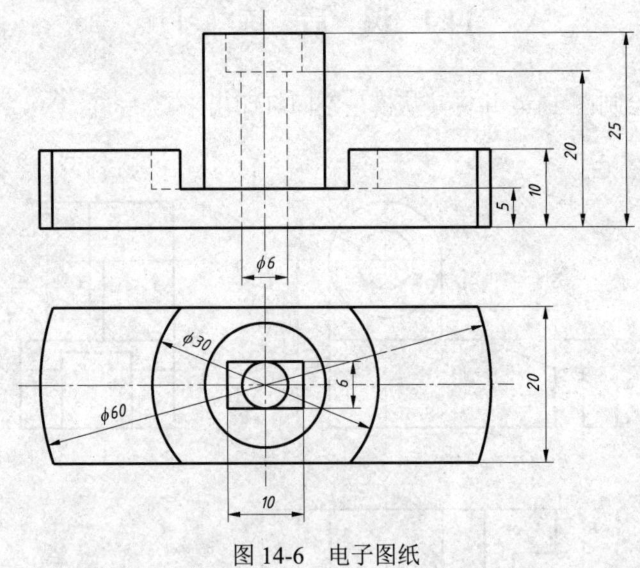

图 14-6 电子图纸

AutoCAD 技能实训部分

第15章 基本技能训练

15.1 训 练 目 的

（1）训练各种绘图命令和编辑命令的使用方法。

（2）训练尺寸标注样式的设置、标注方法和尺寸编辑的方法。

（3）训练绘图辅助工具的使用方法。

（4）掌握平面图形的绘制技巧与提高绘制速度。

15.2 知 识 要 点

（1）初学 AutoCAD 时，在绘图过程中要时刻注意命令行中的命令提示。

（2）在使用命令时应明白各个选项的含义，往往那些不常用的功能选项可以提供新的绘图思路和方法。

（3）在绘制平面图形时，应注意培养绘制基准线的习惯。

15.3 训 练 内 容

15.3.1 基本技能训练

【训练 15-1】 绘制如图 15-1～图 15-12 所示的图形。

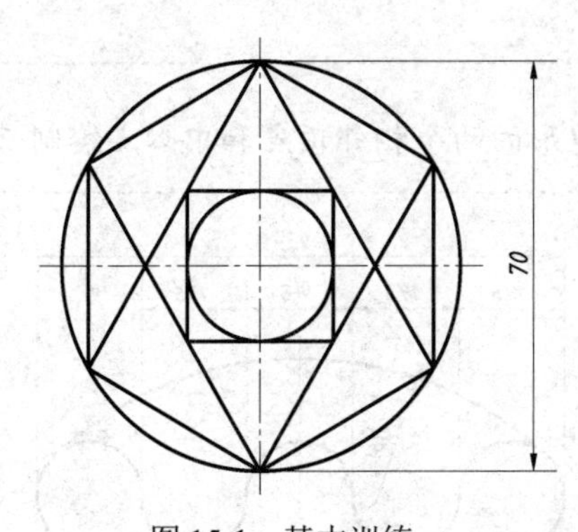

图 15-1 基本训练一

提 示

（1）图 15-1 主要训练多边形的绘制。

（2）在绘制中间的矩形时将会用到 45° 极轴追踪（矩形角点与中心连线倾角为 45°）。

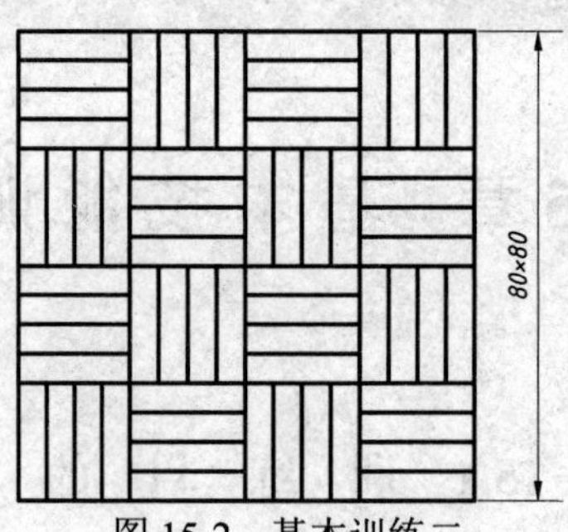

图 15-2　基本训练二

提 示

（1）图 15-2 主要是训练偏移、复制命令。

（2）可绘制两个不同的图形后进行复制形成，注意应用对象捕捉。

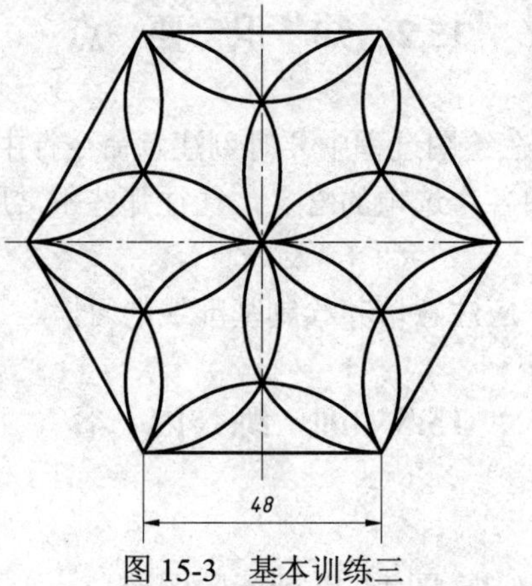

图 15-3　基本训练三

提 示

图 15-3 可以利用正六边形的两个相邻顶点和中心点绘制三点弧即可完成。

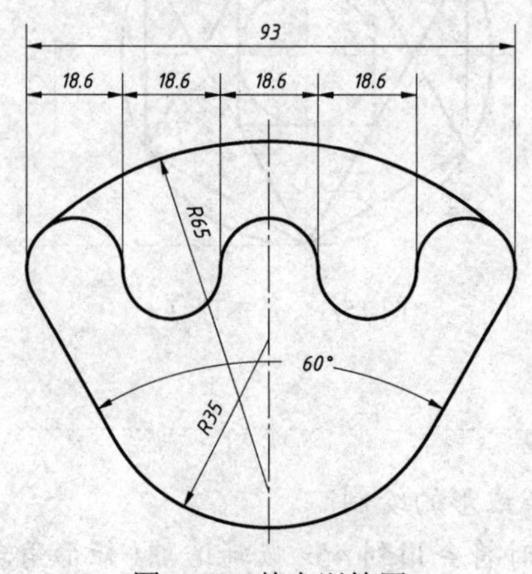

图 15-4　基本训练四

提 示

图 15-4 首先画出已知的线段，再将 93 进行等分，画出半径为 9.3 的圆，应用圆命令中“相切、相切、半径”选项画 *R*65 圆弧，再修剪完成。

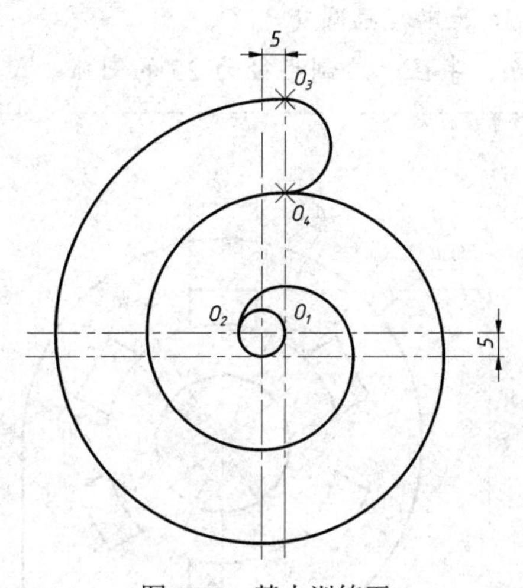

图 15-5　基本训练五

提 示

图 15-5 主要用圆弧命令中：“圆心、起点、角度”的方法绘图。

（1）绘制中间的点画线矩形。分别以矩形的四个顶点作圆心（如 O_1），以已绘制的圆的直径为起点（如 O_2），绘制包含角为–90° 的圆弧。

（2）利用“起点（O_3）、端点（O_4）、角度（–180° ）”画弧的方法绘制封闭弧。

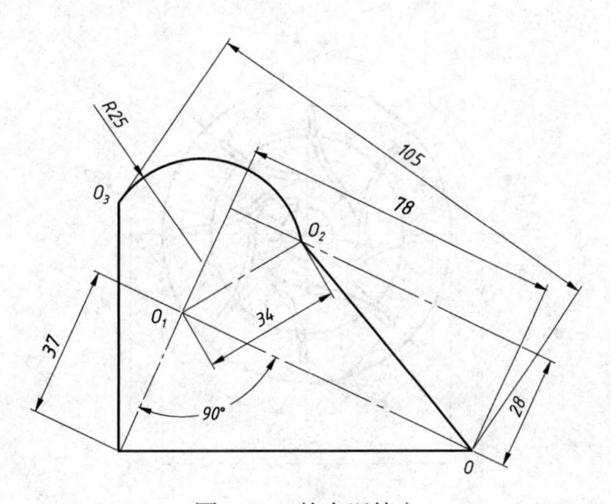

图 15-6　基本训练六

提示

（1）先利用参照旋转法绘制图 15-6 下面三角形。

（2）以 O 点为圆心，105 为半径画圆交于 O_3。

（3）作 OO_1 的平行线，距离为 28。

（4）以 O_1 点为圆心，34 为半径画圆交于 O_2。

（5）利用“起点、端点、半径”绘制半径为 25 的圆弧。

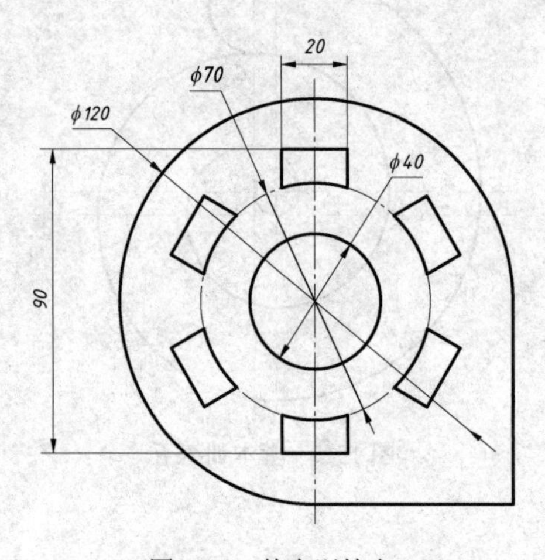

图 15-7　基本训练七

提示

图 15-7 主要用到阵列的方法绘图。注意阵列时要选择“旋转阵列项目”。

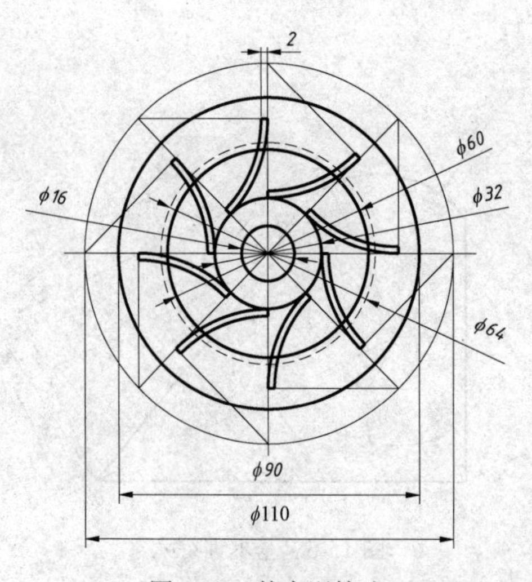

图 15-8　基本训练八

提 示

图 15-8 主要用到阵列的方法绘图。叶片是由圆弧组成，其圆心是在与 Φ110 顶圆相交的点上。画好其中的一片后进行阵列。

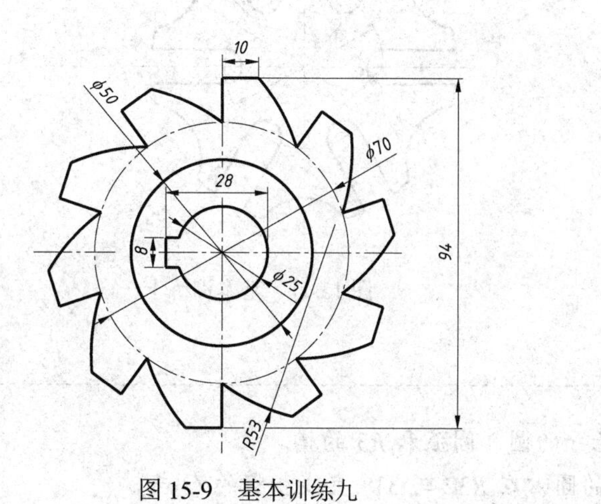

图 15-9　基本训练九

提 示

在分别画好图 15-9 中 94、10 两个尺寸后，进行阵列，再用“起点、端点、半径”的方法画 *R*53 的圆弧后再进行阵列。

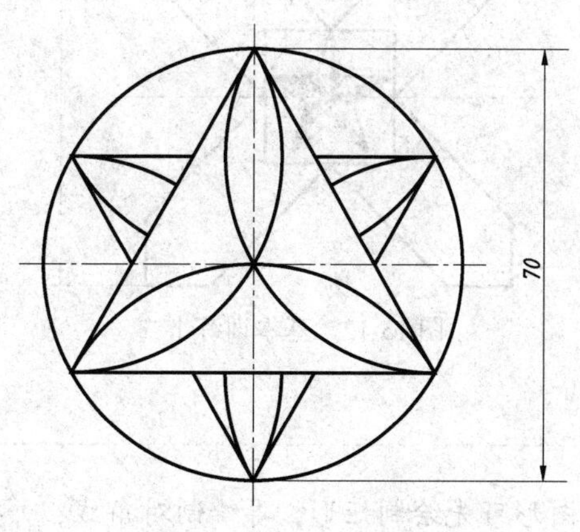

图 15-10　基本训练十

提 示

（1）图 15-10 中三角形可用多边形命令绘制。

（2）图 15-10 中的圆弧可用三点法画弧。

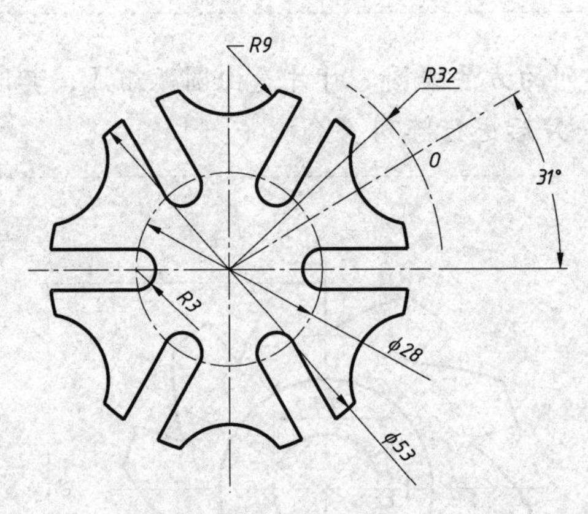

图 15-11　基本训练十一

提 示

（1）作出已知的圆、圆弧和 *R*3 的槽。

（2）*R*9 弧的圆心在 *R*32 与 31° 直线相交的 *O* 点。

（3）选择画好的槽与弧进行阵列。

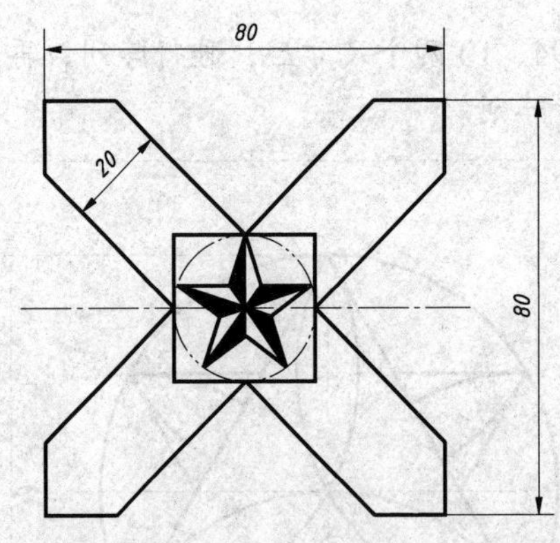

图 15-12　基本训练十二

提 示

（1）图 15-12 所示的图形可先绘制矩形，再绘制对角线，并将对角线偏移，最后进行修剪的方法完成。

（2）中间的矩形可以用多边形命令完成，或用直线绘制再修剪即可。

（3）在与中间矩形内切的圆内绘制五角星。

15.3.2　平面图形综合训练

【训练 15-2】 绘制如图 15-13 所示的平面图形。

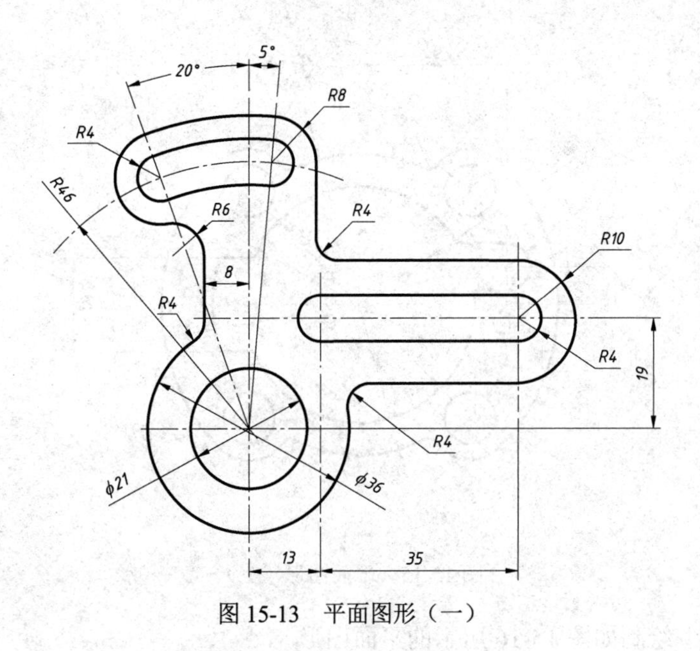

图 15-13　平面图形（一）

【训练 15-3】 绘制如图 15-14 所示的平面图形。

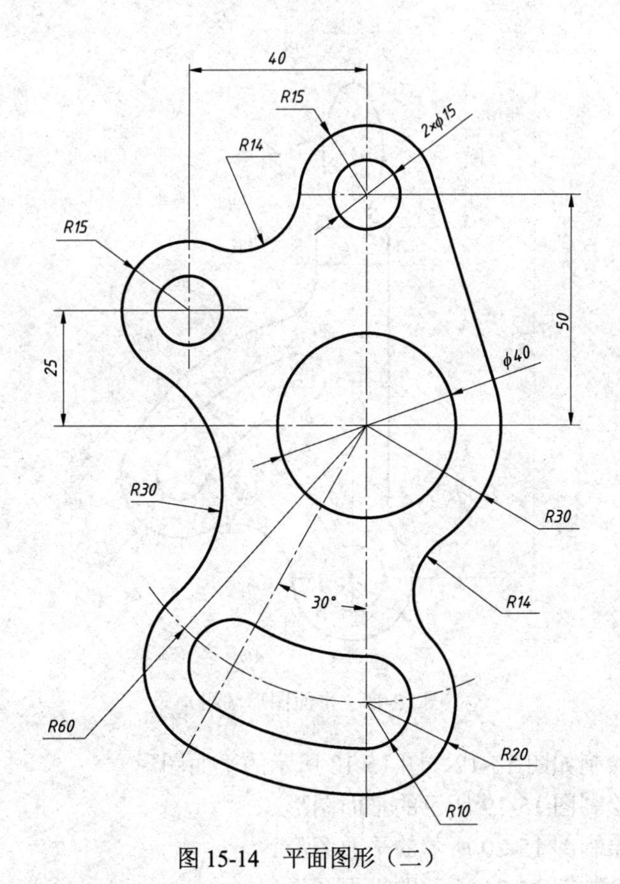

图 15-14　平面图形（二）

【训练 15-4】 绘制如图 15-15 所示的平面图形。

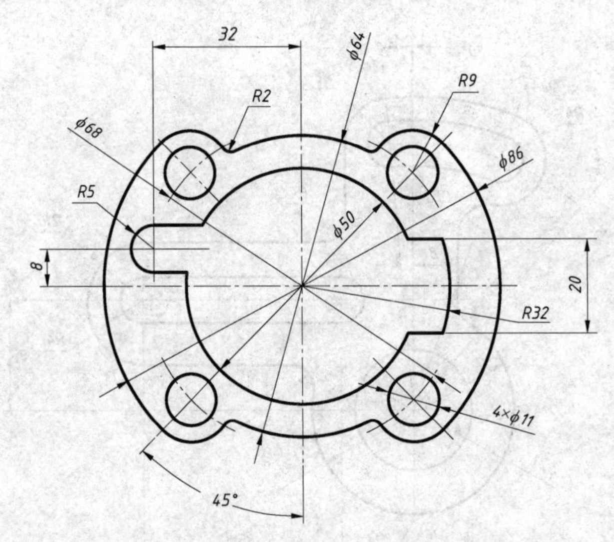

图 15-15　平面图形（三）

【训练 15-5】 绘制如图 15-16 所示的平面图形。

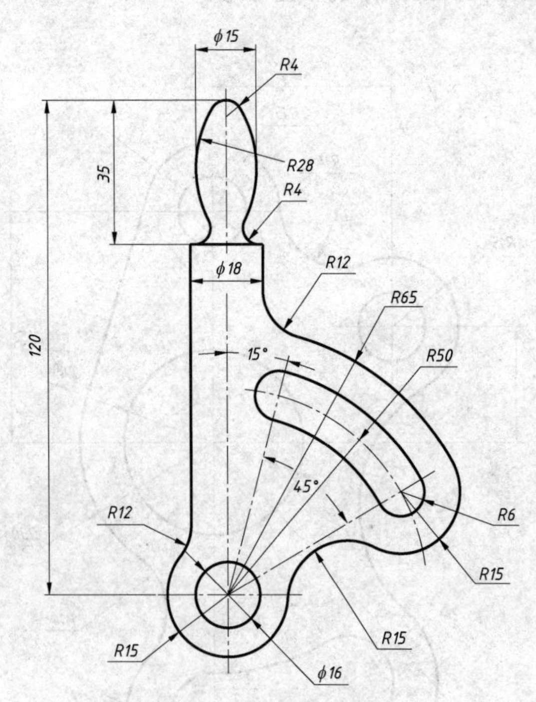

图 15-16　平面图形（四）

【训练 15-6】 绘制如图 15-17、图 15-18 所示的平面图形。

【训练 15-7】 绘制图 15-19 所示的平面图形。

【训练 15-8】 绘制图 15-20 所示的平面图形。

【训练 15-9】 绘制图 15-21 所示的平面图形。

【训练 15-10】 绘制图 15-22 所示的平面图形。

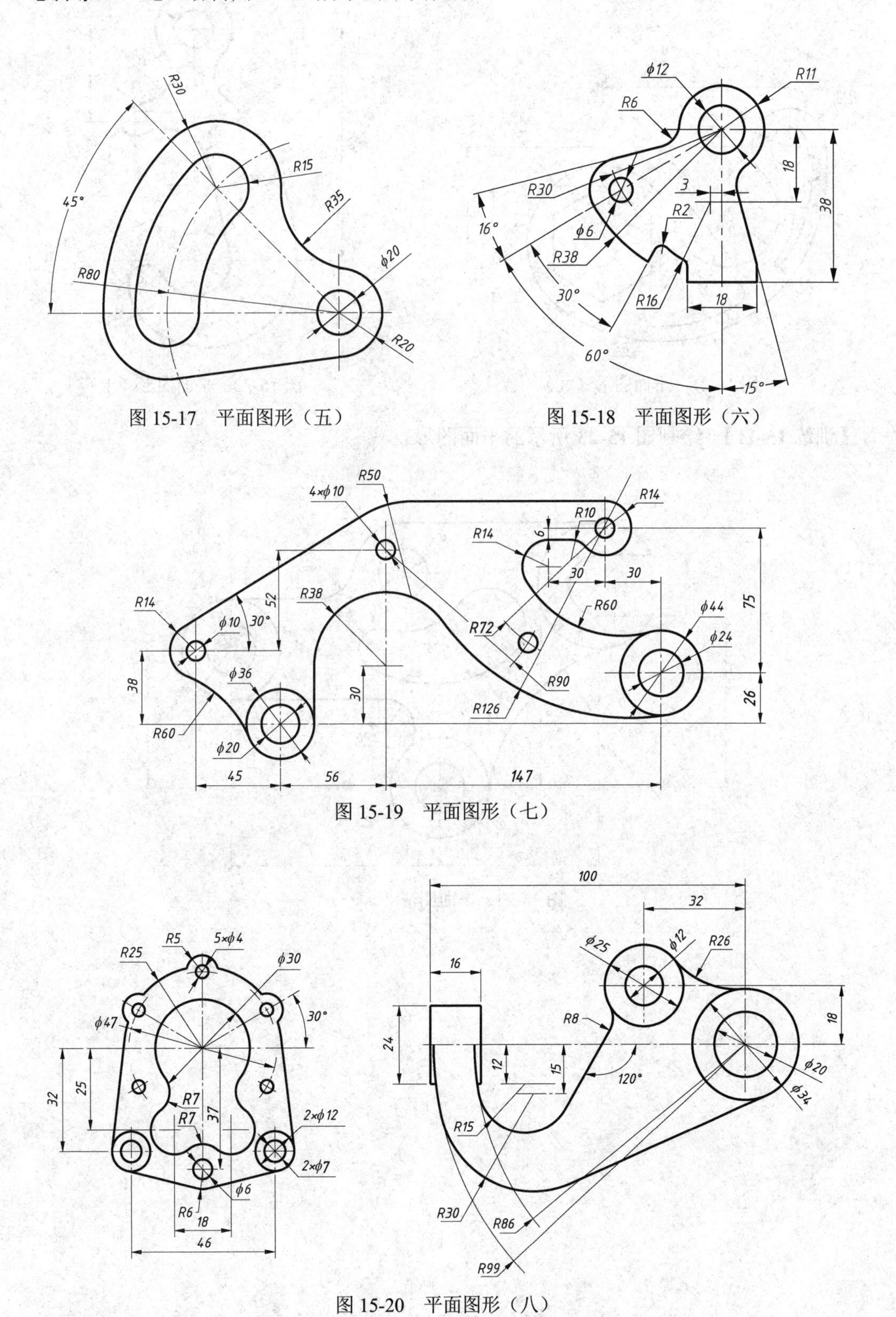

图 15-17　平面图形（五）

图 15-18　平面图形（六）

图 15-19　平面图形（七）

图 15-20　平面图形（八）

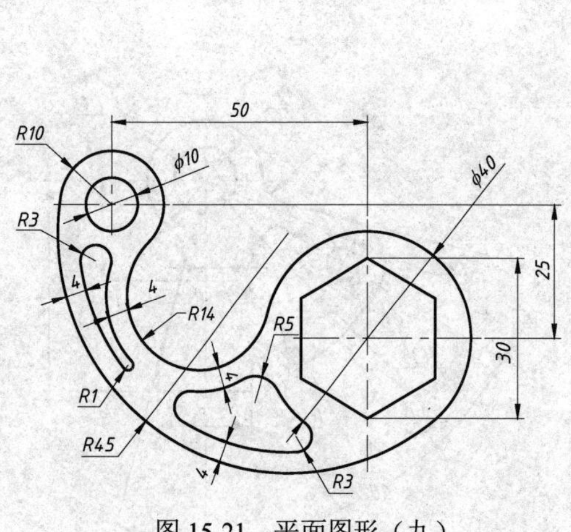

图 15-21 平面图形（九）

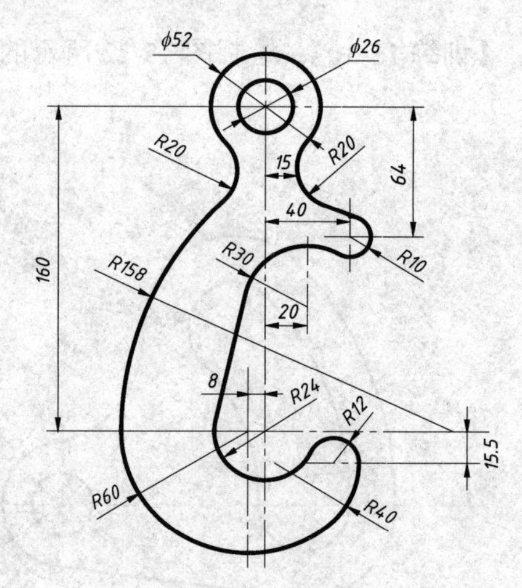

图 15-22 平面图形（十）

【训练 15-11】 绘制图 15-23 所示的平面图形。

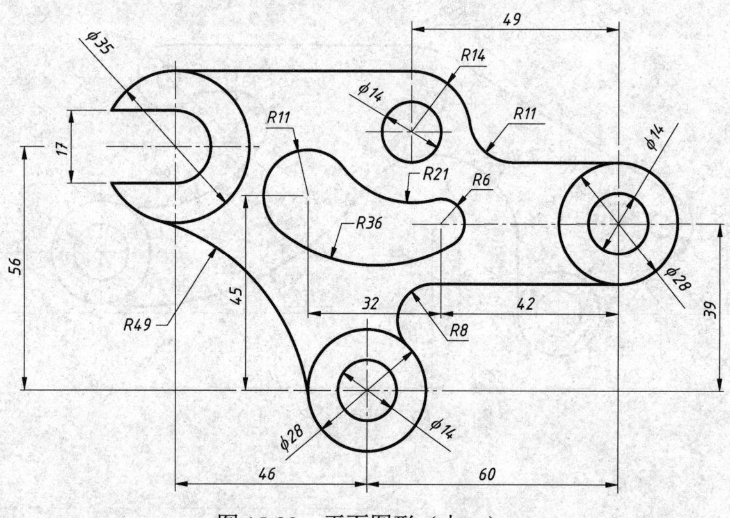

图 15-23 平面图形（十一）

第16章　三视图与轴测图的绘制训练

16.1　训　练　目　的

（1）训练三视图的绘制方法。
（2）提高三视图的绘制水平。
（3）提高轴测图的绘制水平。

16.2　知　识　要　点

（1）三视图在绘制过程中要保持长对正、高平齐和宽相等的投影规则。
（2）为提高绘图效率，应注意偏移命令和修剪命令的组合使用。
（3）绘制轴测图时应注意作图面的转换。

16.3　训　练　内　容

16.3.1　抄画三视图和立体图

【训练16-1】 绘制如图16-1所示的三视图和轴测图。

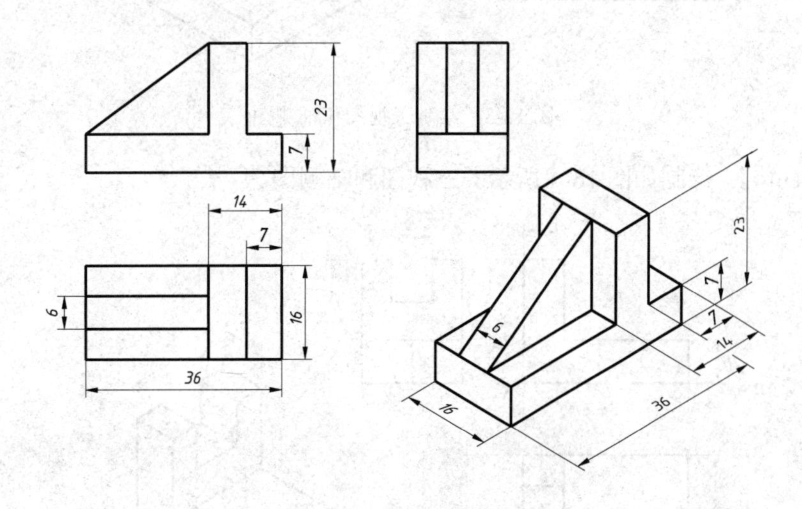

图16-1　绘制三视图和轴测图（一）

【训练16-2】 绘制如图16-2所示的三视图和轴测图。

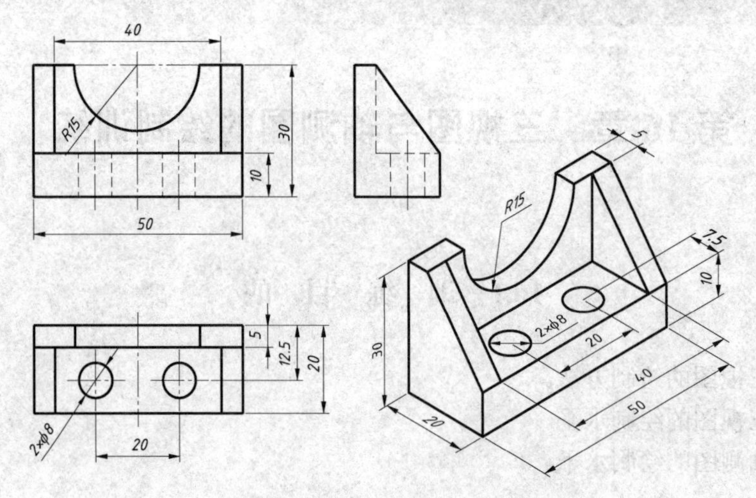

图 16-2　绘制三视图和轴测图

【训练 16-3】 绘制如图 16-3 所示的三视图和轴测图。

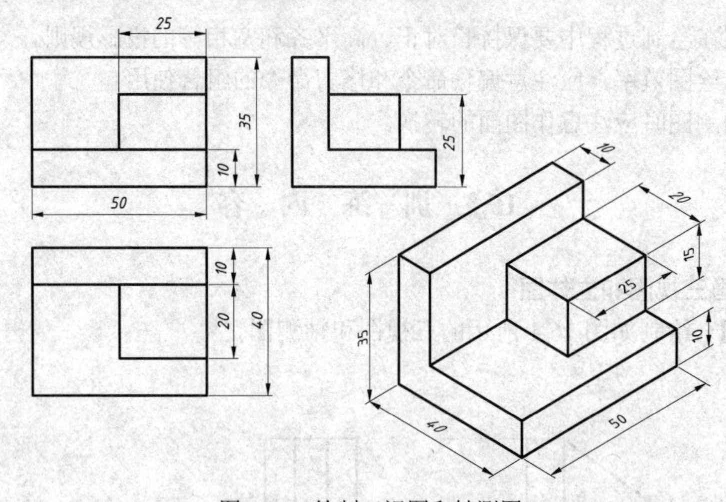

图 16-3　绘制三视图和轴测图

【训练 16-4】 绘制如图 16-4 所示的三视图和轴测图。

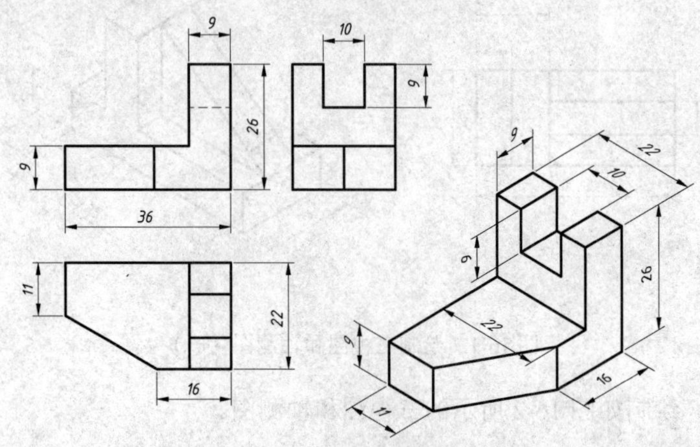

图 16-4　绘制三视图和轴测图

16.3.2　由立体图绘制三视图

【训练 16-5】 根据如图 16-5 所示的立体图绘制三视图。

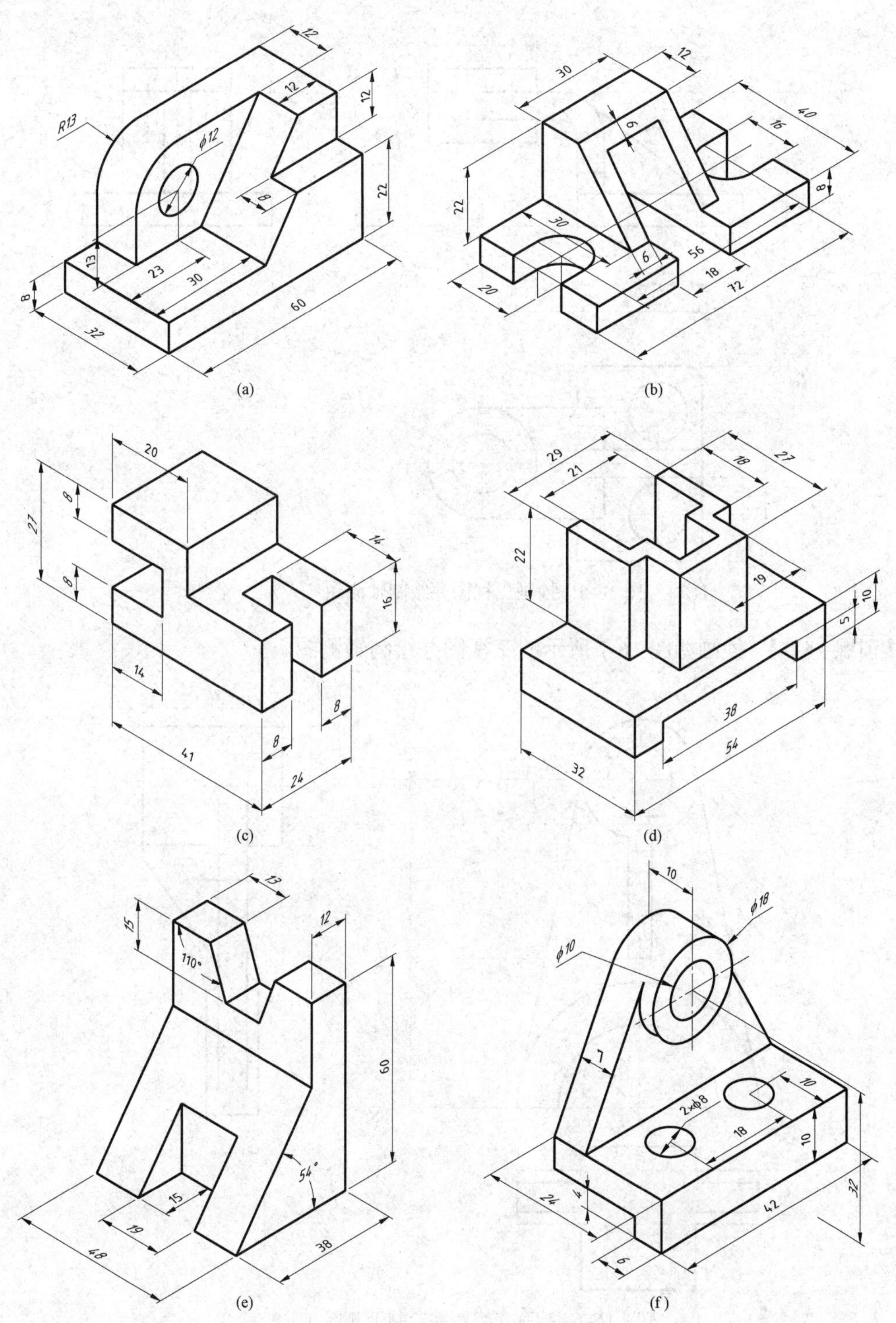

图 16-5　由立体图绘制三视图

（a）立体图（一）；（b）立体图（二）；（c）立体图（三）；（d）立体图（四）；（e）立体图（五）；（f）立体图（六）

16.3.3 抄画三视图并根据三视图绘制轴测图

【训练 16-6】 抄画如图 16-6 所示的三视图并绘制轴测图。

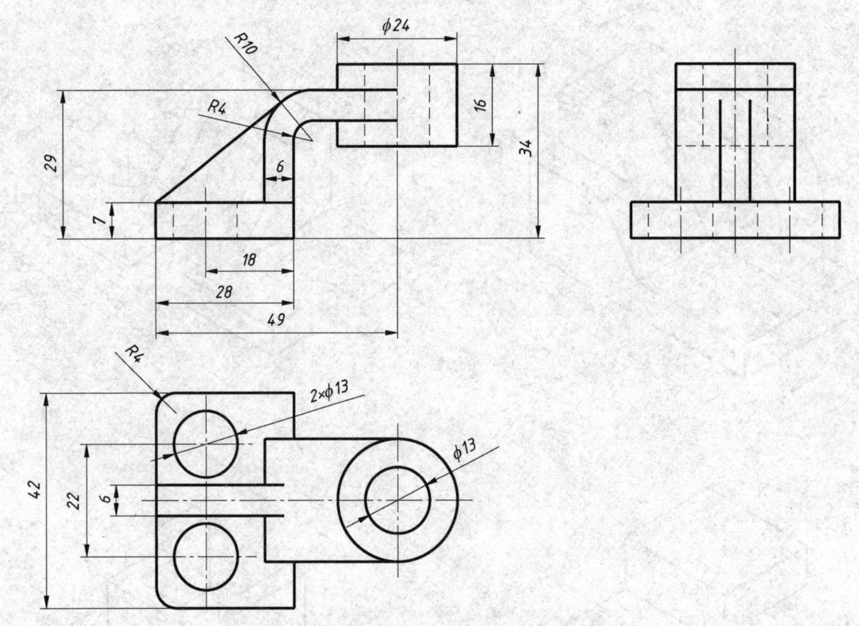

图 16-6 抄画三视图并绘制轴测图（一）

【训练 16-7】 抄画如图 16-7 所示的三视图并绘制轴测图。

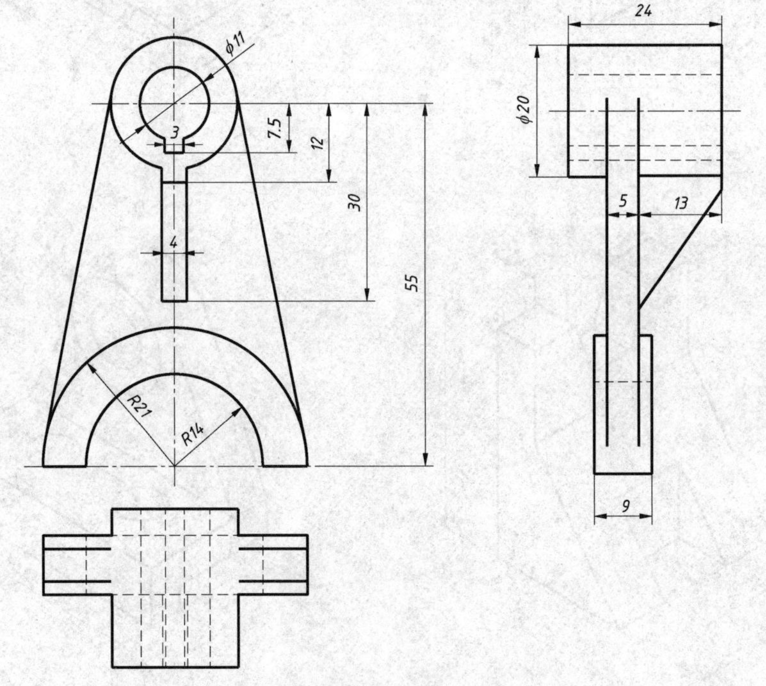

图 16-7 抄画三视图并绘制轴测图（二）

【训练 16-8】 抄画如图 16-8 所示的三视图并绘制轴测图。

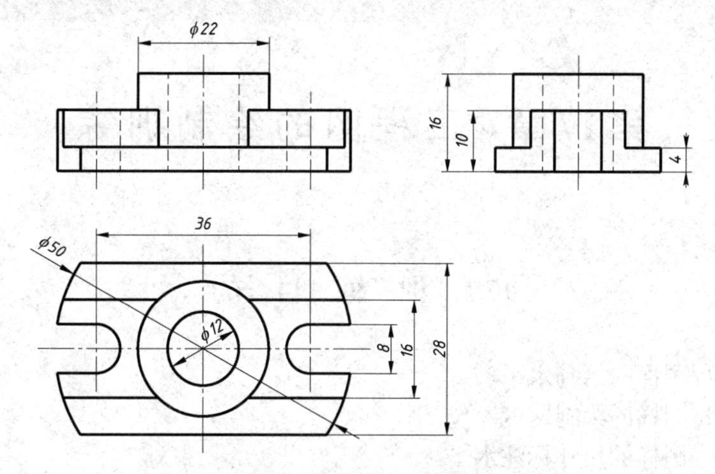

图16-8　抄画三视图并绘制轴测图（三）

【训练16-9】 抄画如图16-9所示的三视图并绘制轴测图。

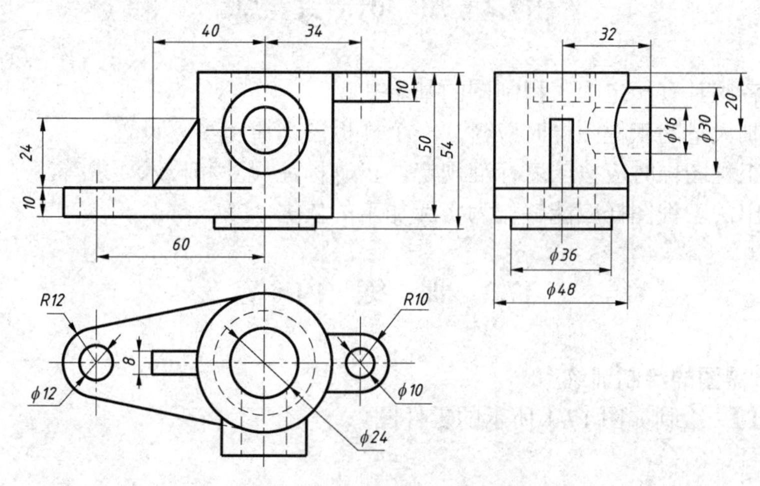

图16-9　抄画三视图并绘制轴测图（四）

第17章　工程图的绘制训练

17.1　训　练　目　的

（1）提高工程图样的绘制水平。
（2）提高工程图样的绘制速度。
（3）提高工程图样的尺寸标注水平。
（4）提高工程图样绘制的正确率。

17.2　知　识　要　点

（1）绘图者应具有一定的工程制图的基本知识。
（2）在绘制大量的工程图样时应建立一个样板图，避免重复设置。
（3）绘制工程图样时应按国家标准规定，正确标注尺寸和技术要求等。
（4）绘制出的工程图样应能够作为实际加工的依据。

17.3　训　练　内　容

17.3.1　机械图的绘制训练

【训练17-1】 绘制如图17-1所示的零件图。

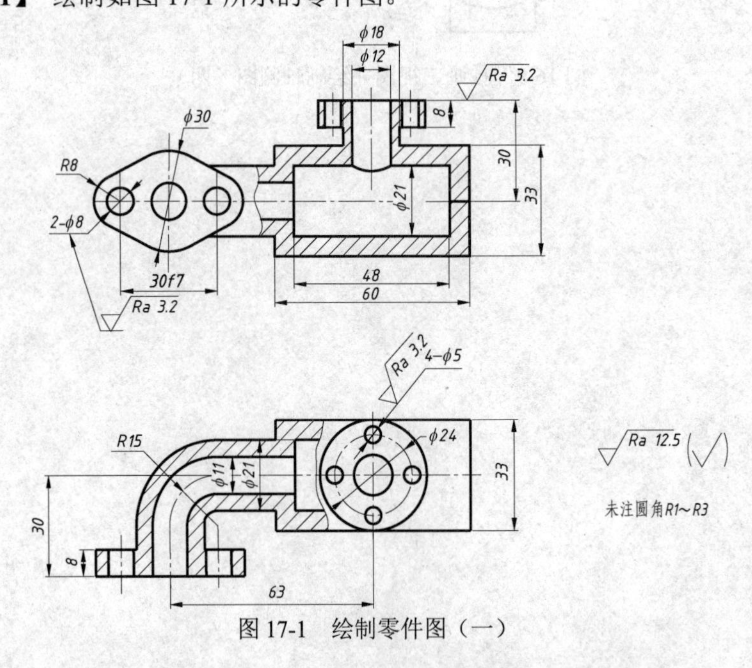

图17-1　绘制零件图（一）

【训练 17-2】 绘制如图 17-2 所示的零件图。

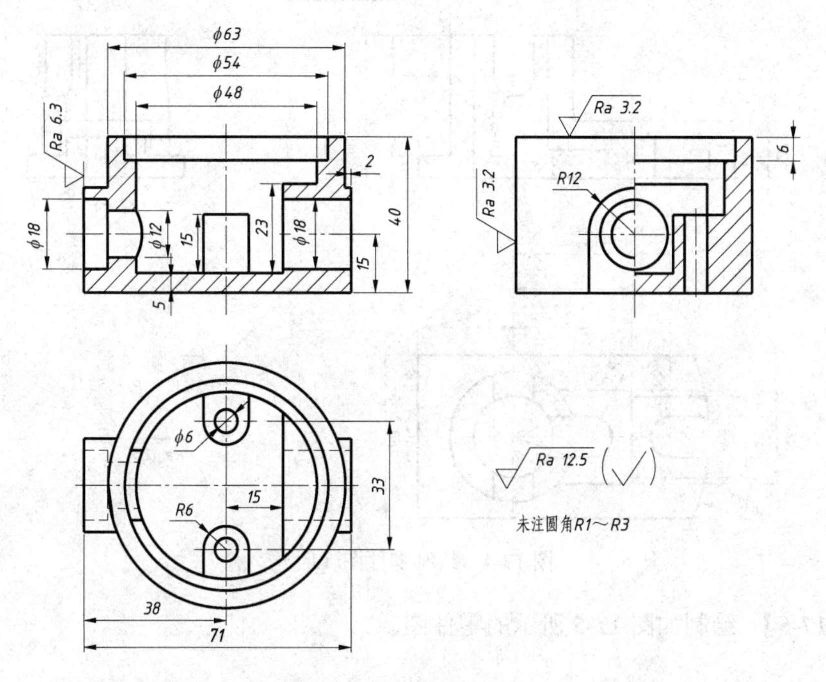

图 17-2　绘制零件图（二）

【训练 17-3】 绘制如图 17-3 所示的零件图。

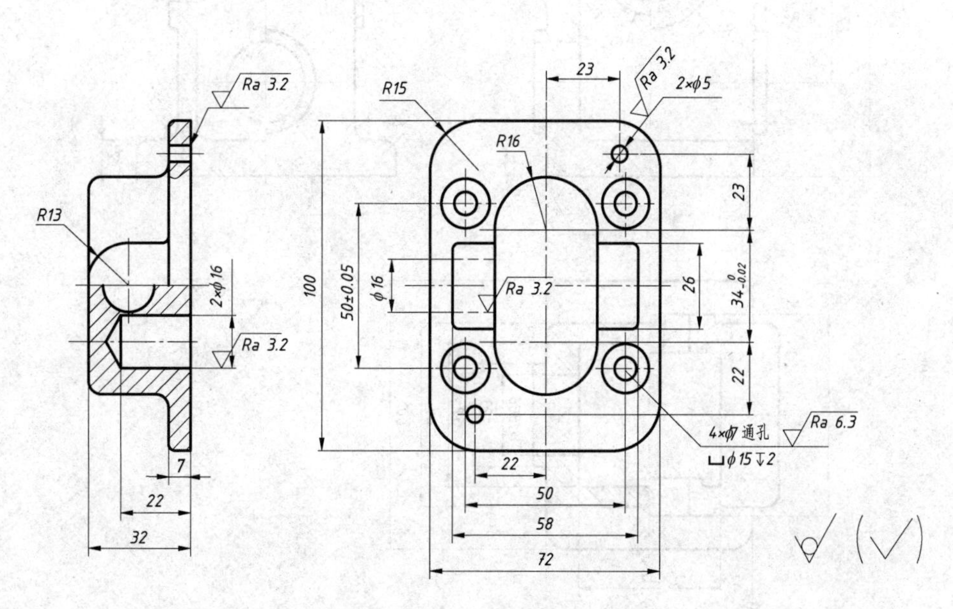

图 17-3　绘制零件图（三）

【训练 17-4】 绘制如图 17-4 所示的零件图。

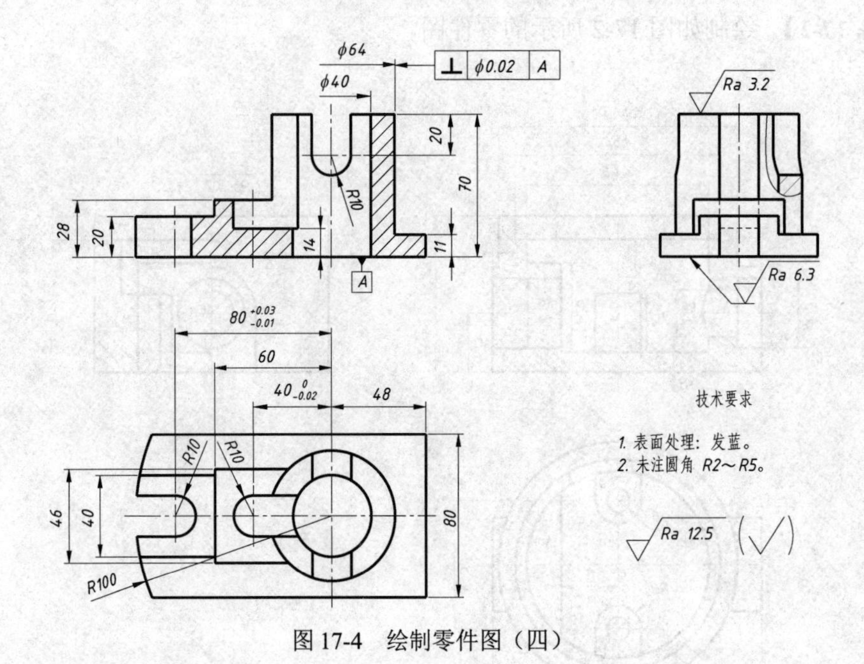

图 17-4　绘制零件图（四）

【训练 17-5】 绘制如图 17-5 所示的零件图。

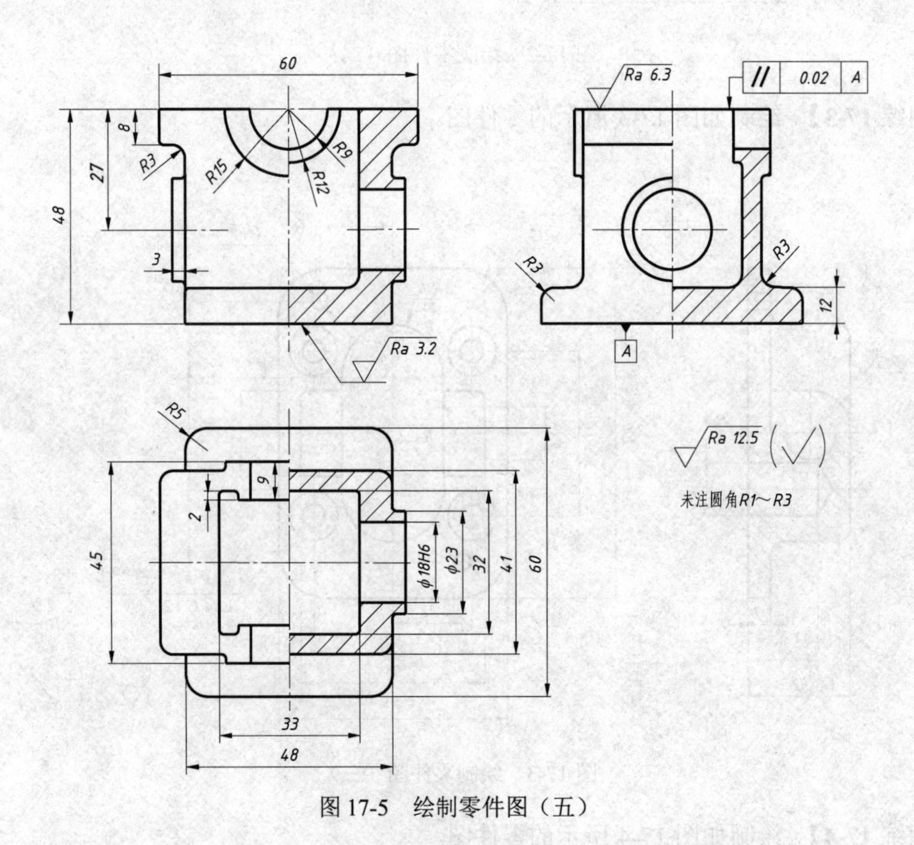

图 17-5　绘制零件图（五）

【训练 17-6】 绘制如图 17-6（a）～图 17-6（g）所示虎钳的零件图。

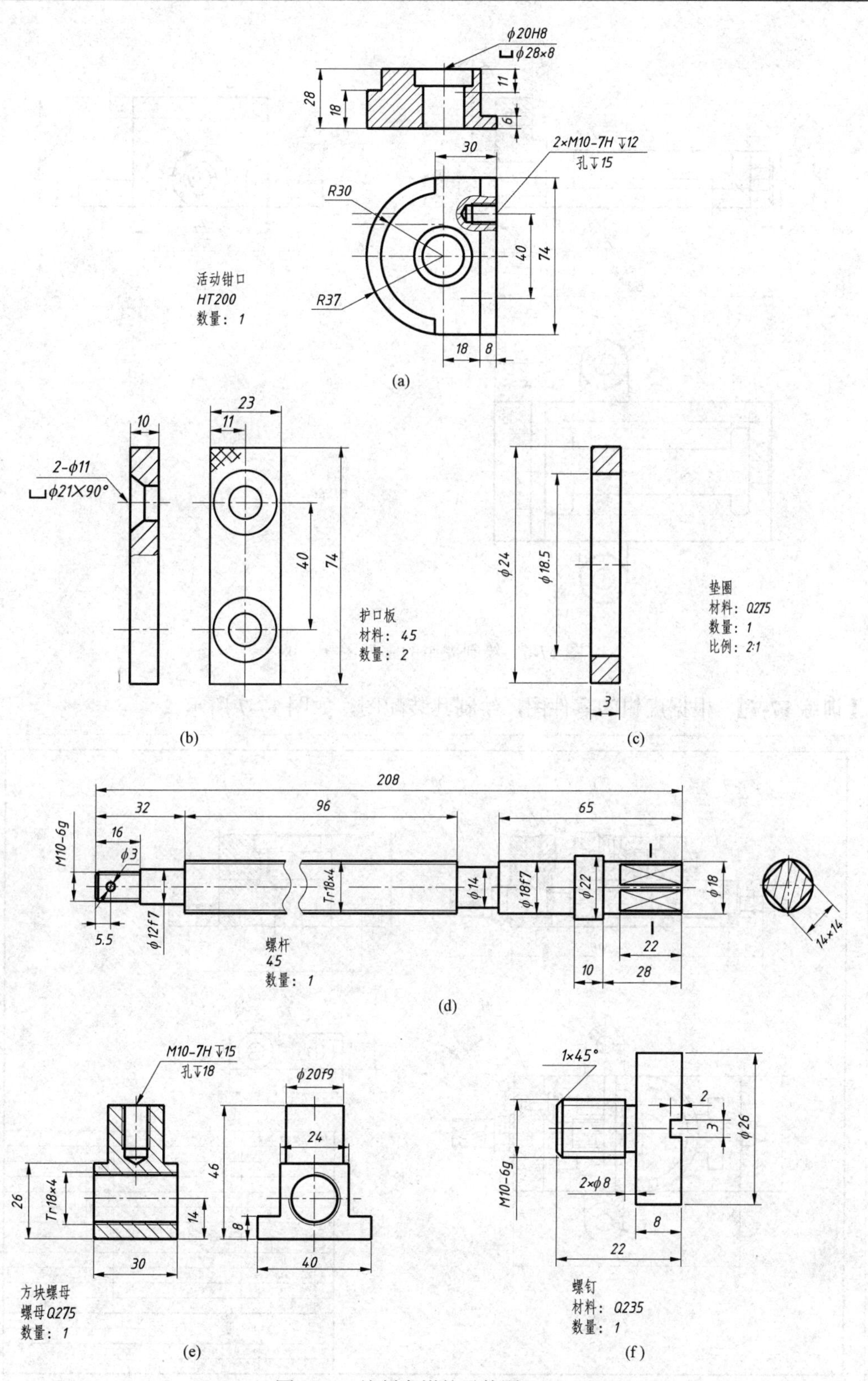

图 17-6　绘制虎钳的零件图（一）

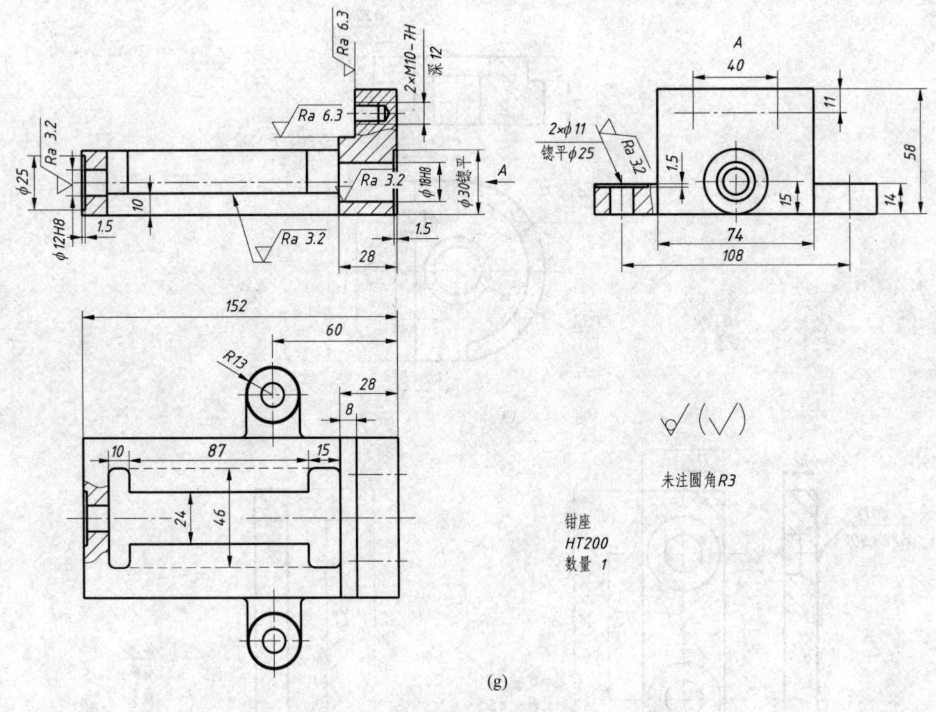

图 17-6 绘制虎钳的零件图（二）

【训练 17-7】 根据虎钳的零件图，绘制其装配图，如图 17-7 所示。

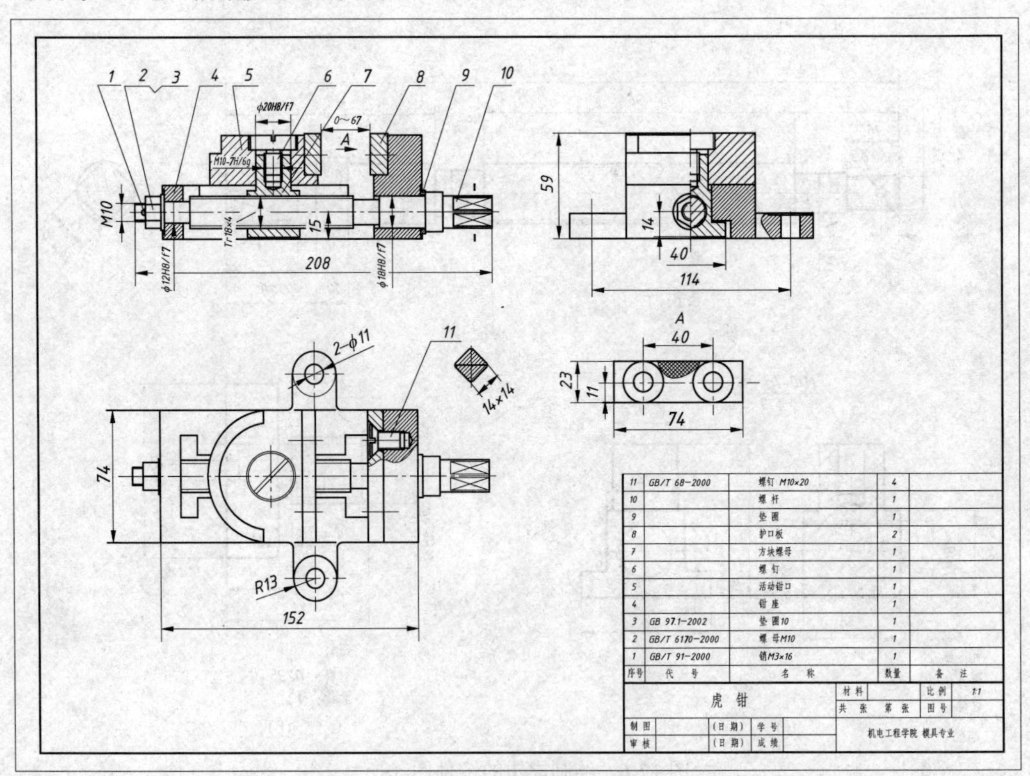

11	GB/T 68-2000	螺钉 M10×20	4	
10		螺杆	1	
9		垫圈	1	
8		护口板	2	
7		方块螺母	1	
6		螺钉	1	
5		活动钳口	1	
4		钳座	1	
3	GB 97.1-2002	垫圈10	1	
2	GB/T 6170-2000	螺母M10	1	
1	GB/T 91-2000	销M3×16	1	
序号	代号	名称	数量	备注

图 17-7 由虎钳的零件图绘制装配图

17.3.2　建筑图的绘制训练

【训练 17-8】 绘制如图 17-8 所示的建筑图。

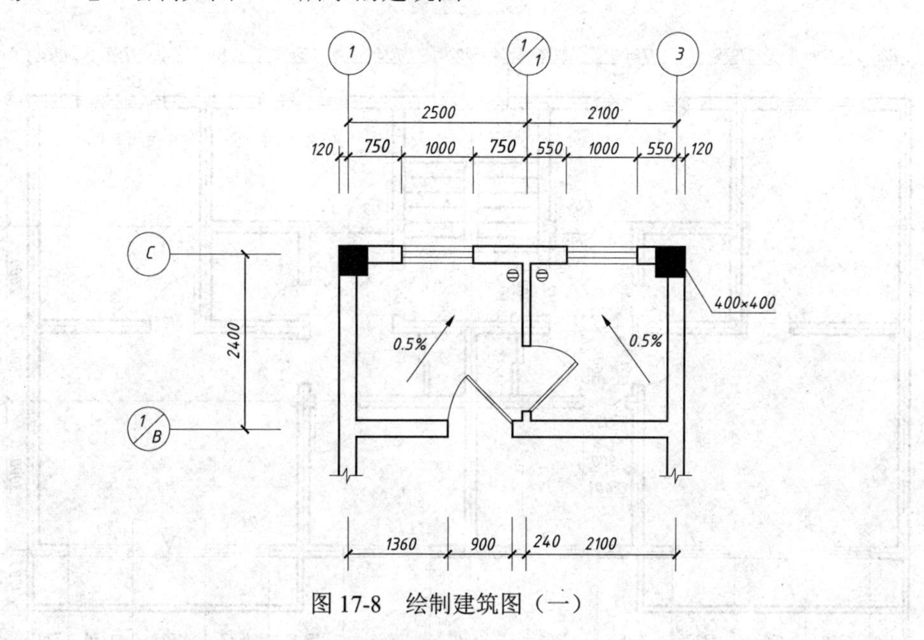

图 17-8　绘制建筑图（一）

【训练 17-9】 绘制如图 17-9 所示的建筑图。

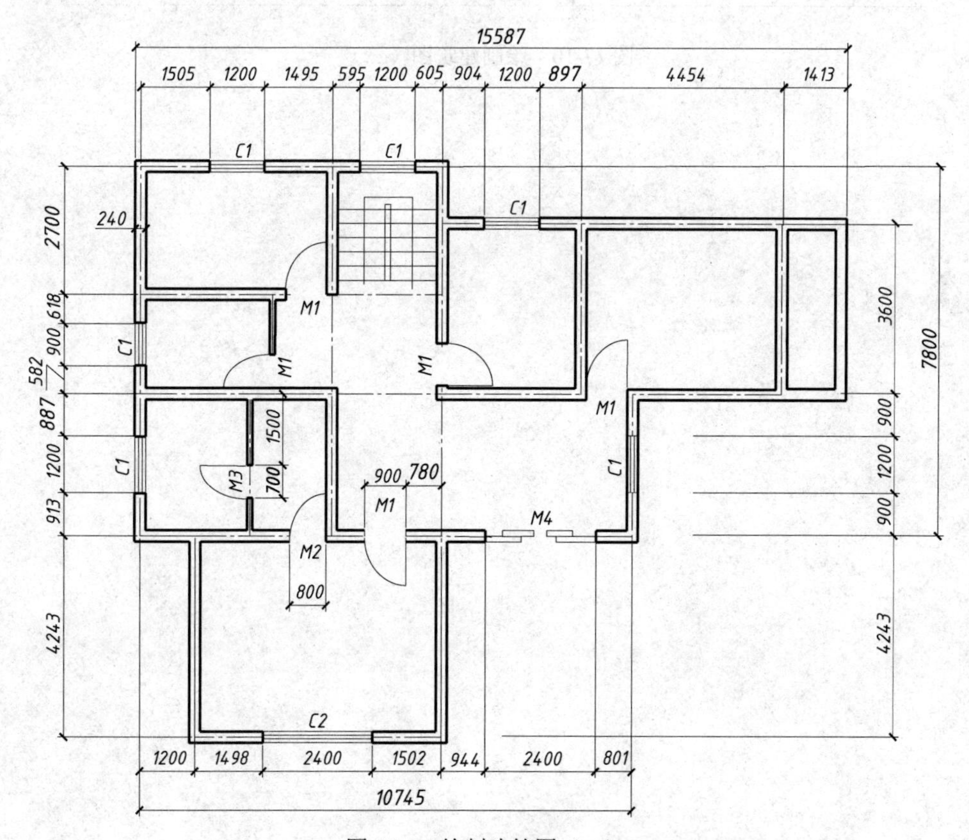

图 17-9　绘制建筑图（二）

【训练 17-10】 绘制如图 17-10 所示的建筑图。

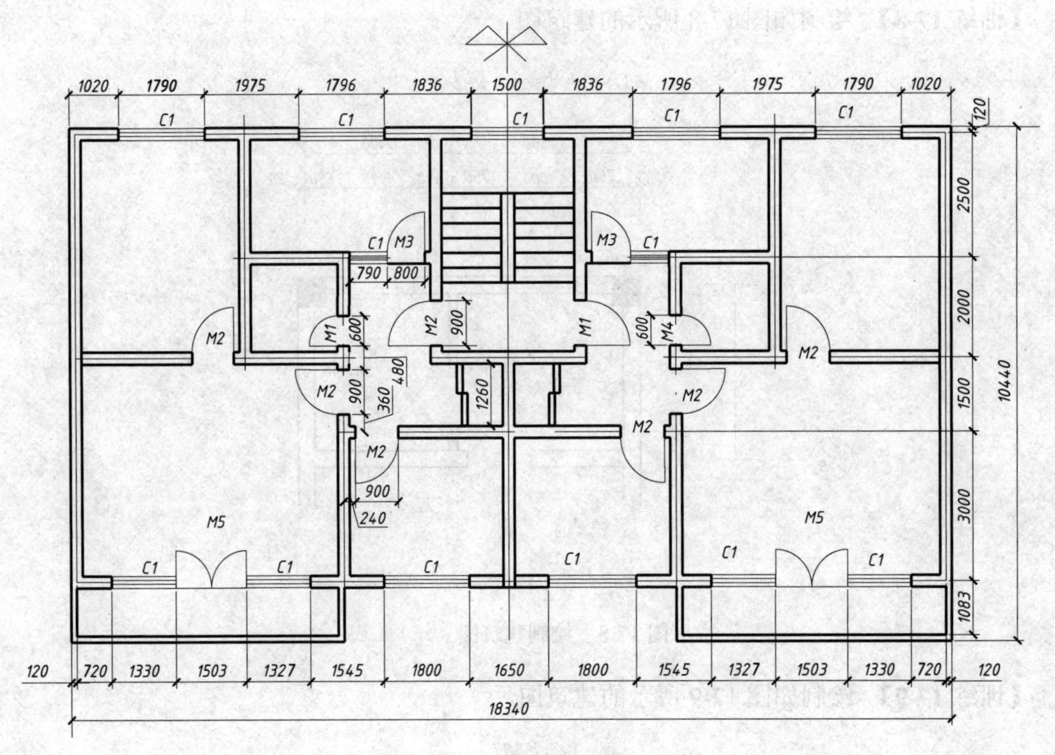

图 17-10 绘制建筑图（三）

第18章　三维造型训练

18.1 训 练 目 的

（1）提高线框造型与编辑能力。

（2）提高实体造型与编辑能力。

（3）提高网络造型与编辑能力。

（4）提高消隐、视觉样式与渲染水平。

18.2 知 识 要 点

（1）三维造型的基本思路，一般是先利用形体分析法，将复杂立体分解成若干基本形体，再利用基本造型方法，创建各基本体，将各基本体进行组装，最后进行适当的编辑操作即可。

（2）进行三维造型除了必须具备一定的空间想象能力外，还必须掌握空间视点的转换、视图的设置、用户坐标的设置、三维实体的创建命令和三维形体的编辑命令等。

18.3 训 练 内 容

18.3.1 线框造型

【训练 18-1】 创建如图 18-1 所示线框造型。

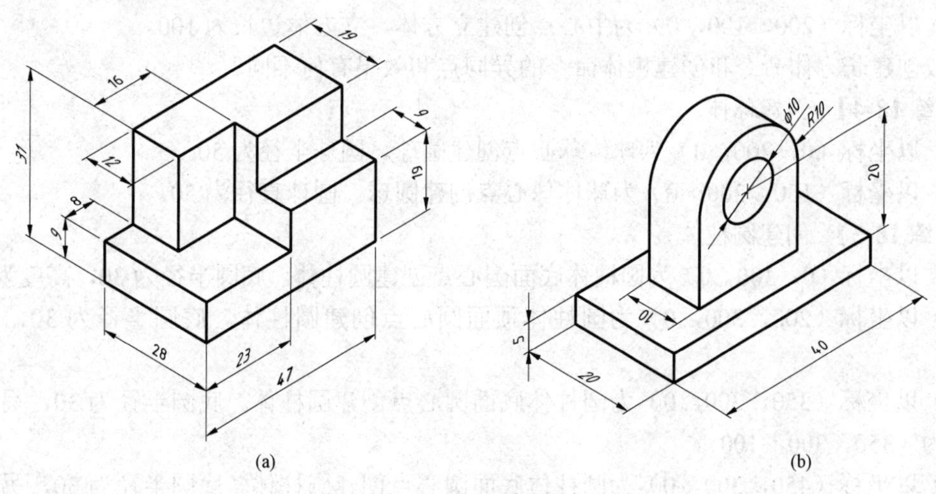

图 18-1　线框造型（一）

（a）线框造型（一）；（b）线框造型（二）

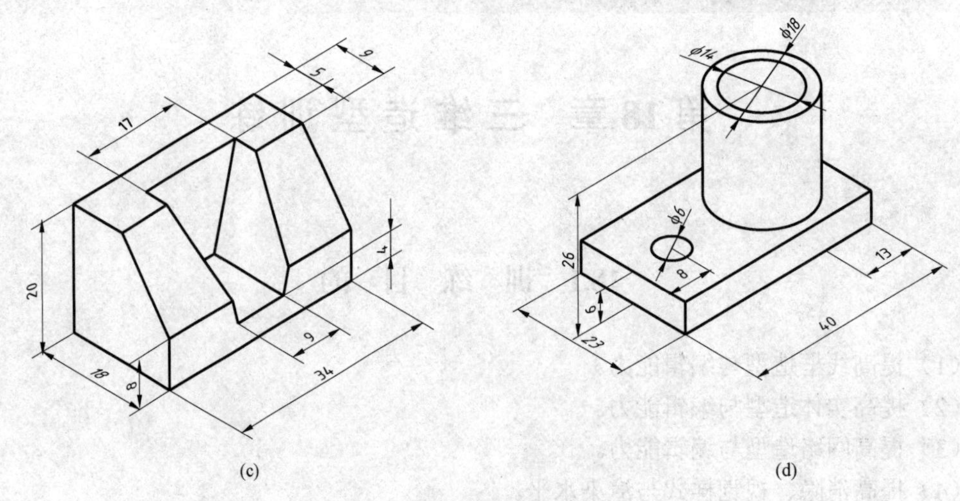

图 18-1 线框造型（二）

（c）线框造型（三）；（d）线框造型（四）

18.3.2 实体造型

1. 基本体造型训练

【训练 18-2】 创建长方体

（1）以坐标（0，0，0）为起始角点创建长方体。长方体长 100，宽 80，高 60。

（2）以坐标（0，0，0）为中心点创建长方体。长方体长 100，宽 80，高 60。

（3）以坐标（200，0，0）为起始角点创建立方体。立方体边长为 100。

（4）以坐标（200，0，0）为中心点创建立方体。立方体边长为 100。

【训练 18-3】 创建楔体

（1）以坐标（0，100，0）为起始角点创建长方体。长方体长 100，宽 80，高 60。

（2）以坐标（0，100，0）为中心点创建长方体。长方体长 100，宽 80，高 60。

（3）以坐标（200，100，0）为起始角点创建立方体。立方体边长为 100。

（4）以坐标（200，100，0）为中心点创建立方体。立方体边长为 100。

比较创建长方体命令和创建楔体命令的异同点和效果有何不同？

【训练 18-4】 创建球体

（1）以坐标（0，200，0）为球体球心点创建圆球。圆球半径为 50。

（2）以坐标（150，200，0）为球体球心点创建圆球。圆球直径为 50。

【训练 18-5】 创建圆柱体

（1）以坐标（0，300，0）为圆柱体底面圆心点创建圆柱体。底圆半径为 30，高度为 80。

（2）以坐标（200，300，0）为圆柱体顶面圆心点创建圆柱体。底圆半径为 30，高度为 80。

（3）以坐标（350，300，0）为圆柱体底面圆心点创建圆柱体。底圆半径为 30，另一圆心坐标为（350，300，100）。

（4）以坐标（450，300，0）为圆柱体底面圆心点创建圆柱体。底圆半径为 30，另一圆心坐标为（450，300，120）。

（5）以坐标（550，300，0）为椭圆柱体底面圆心点创建椭圆柱体。椭圆长半轴长为 100，短半轴长为 60，高度为 80。

【训练 18-6】 创建圆锥体

（1）以坐标（0，300，0）为圆锥体底面圆心点创建圆锥体。底圆半径为 30，高度为 80。

（2）以坐标（200，300，0）为圆锥体顶面圆心点创建圆锥体。底圆半径为 30，高度为 80。

（3）以坐标（350，300，0）为圆锥体底面圆心点创建圆锥体。底圆半径为 30，另一圆心坐标为（350，300，100）。

（4）以坐标（450，300，0）为圆锥体底面圆心点创建圆锥体。底圆半径为 30，另一圆心坐标为（450，300，120）。

（5）以坐标（550，300，0）为椭圆锥体底面圆心点创建椭圆锥体。椭圆长半轴长为 100，短半轴长为 60，高度为 80。

比较创建圆柱体命令和创建圆锥体命令的异同点和效果有何不同？

【训练 18-7】 创建圆环体

（1）以坐标（0，400，0）为圆环体中心，以 50 为圆环体半径，以 20 为圆管半径创建圆环体。

（2）以坐标（100，400，0）为圆环体中心，以 80 为圆环体直径，以 20 为圆管直径创建圆环体。

（3）以坐标（200，400，0）为圆环体中心，以-60 为圆环体直径，以 100 为圆管直径创建圆环体。

试试创建圆管体直径为-60，圆管直径为 50 的圆环体。

2. 拉伸、旋转造型训练

（1）拉伸造型。

【训练 18-8】 已经五棱柱的底面外接圆直径为 25，高为 20，创建此五棱柱。

【训练 18-9】 已知四棱台底面长方形的长为 40，宽为 20；四棱台高为 22，各侧面与水平方向的夹角均为 78 度，创建此四棱台。

【训练 18-10】 如图 18-2（b）所示，已知一立体是由圆绕路径移动生成，圆的直径为 60，路径如图 18-2（a）所示，创建此立体。

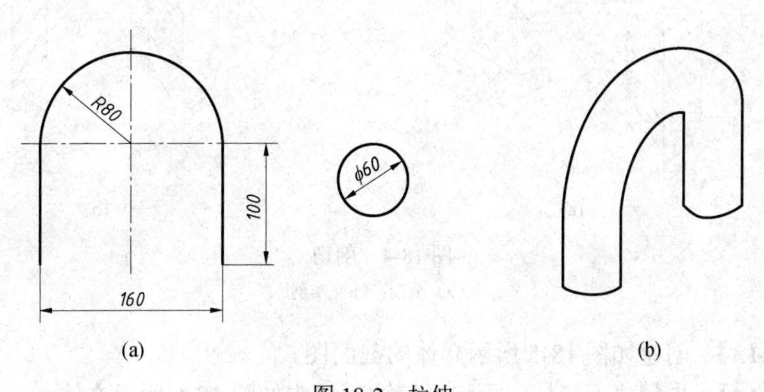

图 18-2　拉伸

（a）截面图与路径；（b）立体图

（2）旋转造型。

【训练 18-11】 完成如图 18-3 所示的旋转造型。

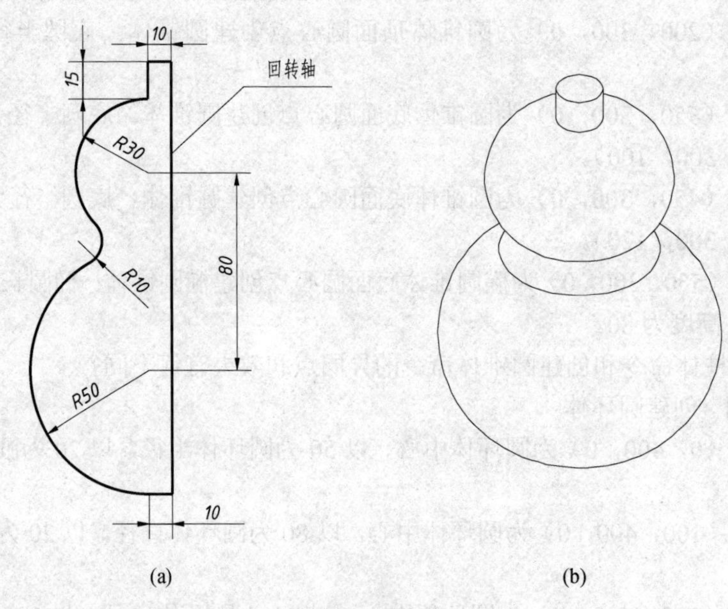

图 18-3 旋转

（a）截面图与路径；（b）立体图

3. 剖切、截面训练

【训练 18-12】 创建如图 18-4 所示剖切立体，并填充剖面线。

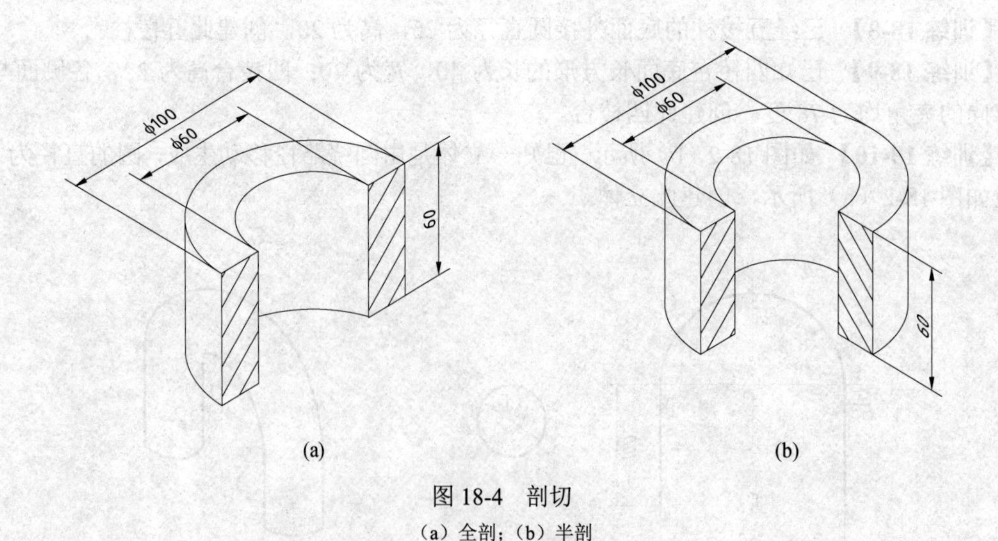

图 18-4 剖切

（a）全剖；（b）半剖

【训练 18-13】 创建如图 18-5 所示立体的截面图。

【训练 18-14】 先创建五棱柱，再将五棱柱剖切成如图 18-6 所示立体。

【训练 18-15】 先创建圆锥，再将圆锥剖切成如图 18-7 所示立体。

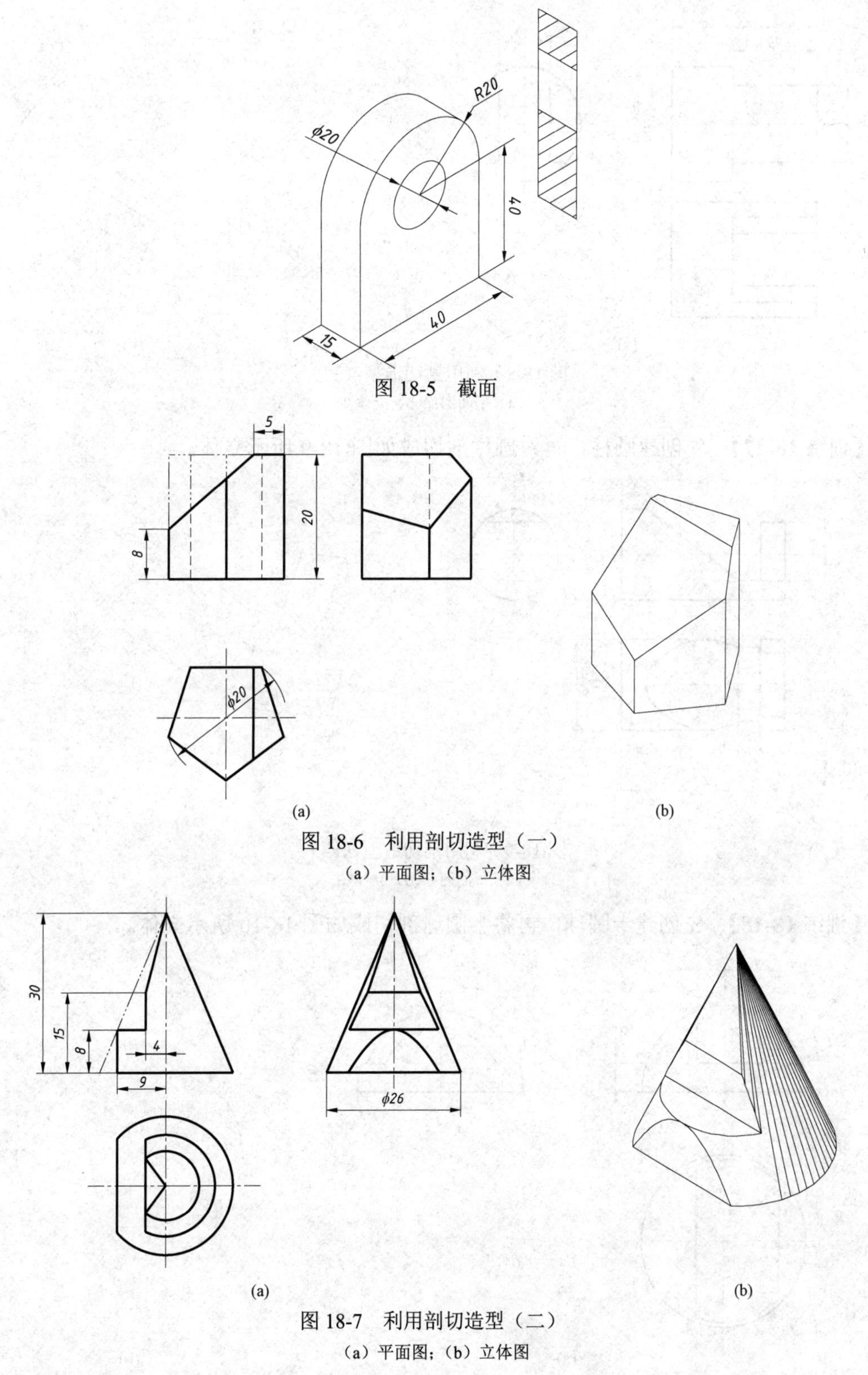

图 18-5　截面

(a)　(b)

图 18-6　利用剖切造型（一）

（a）平面图；（b）立体图

(a)　(b)

图 18-7　利用剖切造型（二）

（a）平面图；（b）立体图

【训练 18-16】 先创建圆柱，再将圆柱剖切成如图 18-8 所示立体。

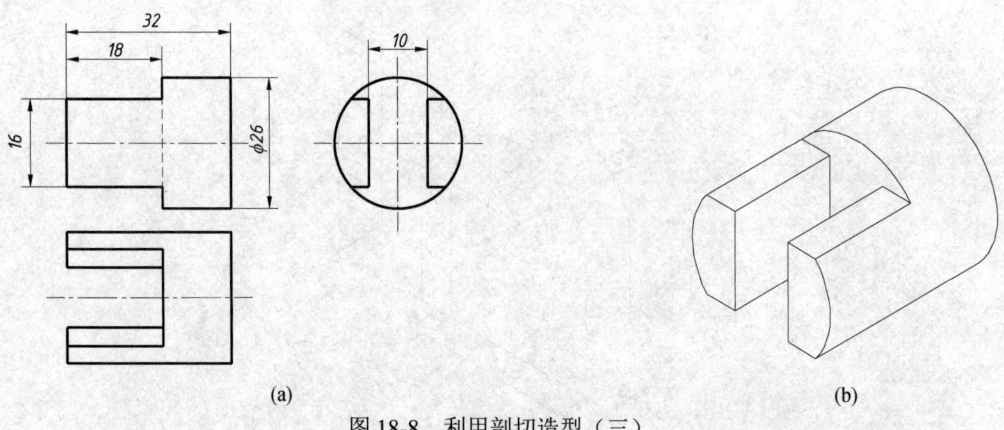

图 18-8　利用剖切造型（三）
（a）平面图；（b）立体图

【训练 18-17】 先创建圆柱，再将圆柱剖切成如图 18-9 所示立体。

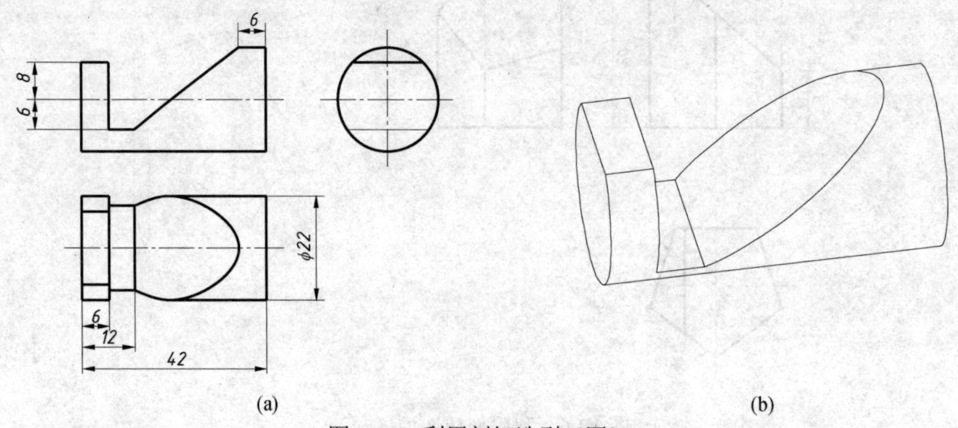

图 18-9　利用剖切造型（四）
（a）平面图；（b）立体图

【训练 18-18】 先创建半圆球，再将半圆球剖切成如图 18-10 所示立体。

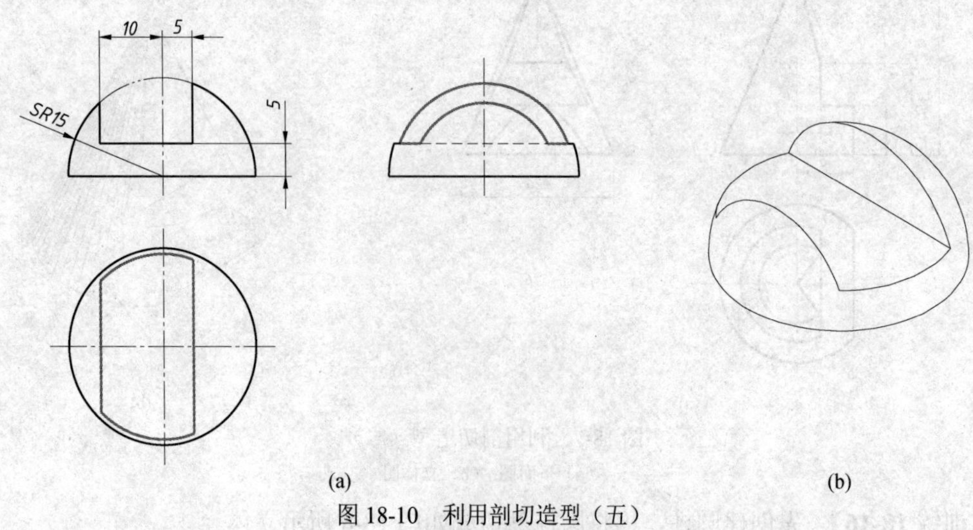

图 18-10　利用剖切造型（五）
（a）平面图；（b）立体图

【训练 18-19】 先创建长方体，再将长方体剖切成如图 18-11 所示立体。

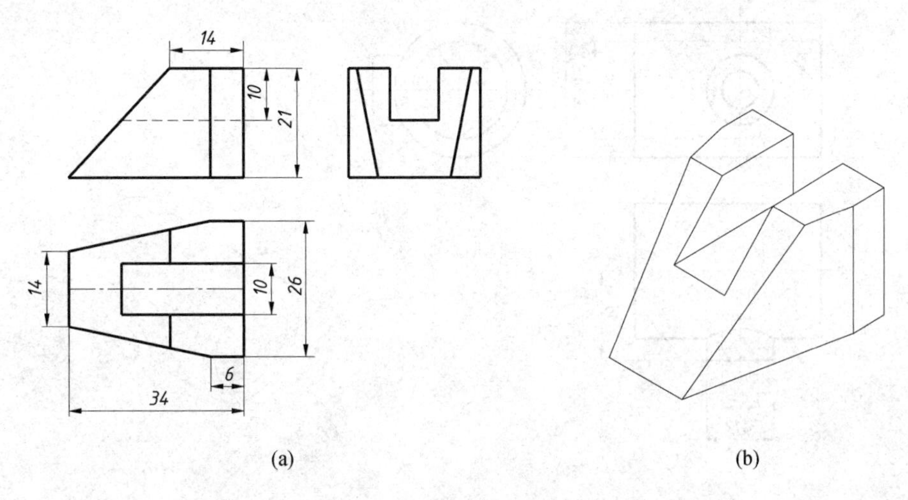

图 18-11　利用剖切造型（六）

（a）平面图；（b）立体图

4. 组合造型训练

（1）叠加训练。

造型方法：先利用形体分析的方法，将立体分解成若干个基本形体，再将基本形体进行叠加（布尔求并运算）完成造型任务。在进行叠加的过程中，读者应注意先摆正各基本形体的方向，再移动到要求的位置，最后再进行布尔求并运算。

【训练 18-20】 创建如图 18-12 所示立体。

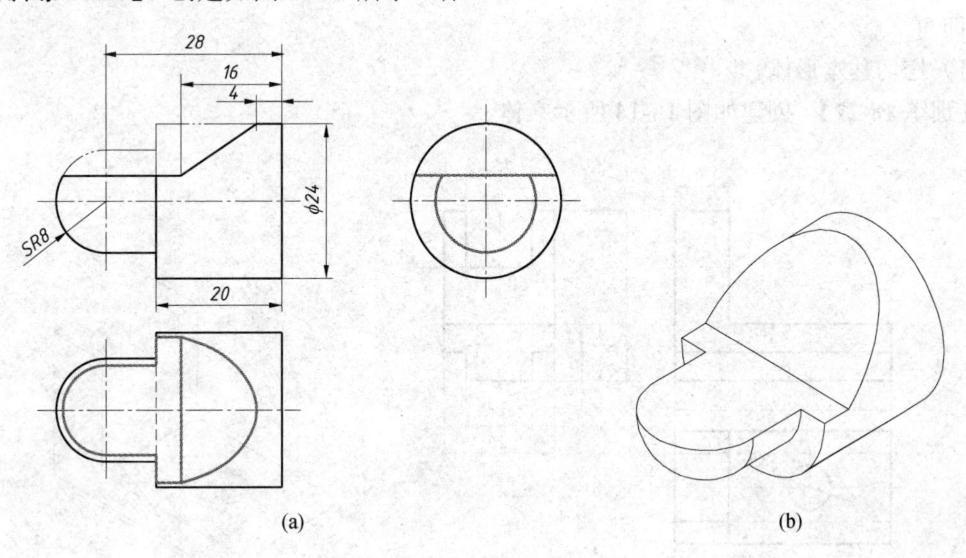

图 18-12　叠加造型（一）

（a）平面图；（b）立体图

【训练 18-21】 创建如图 18-13 所示立体。

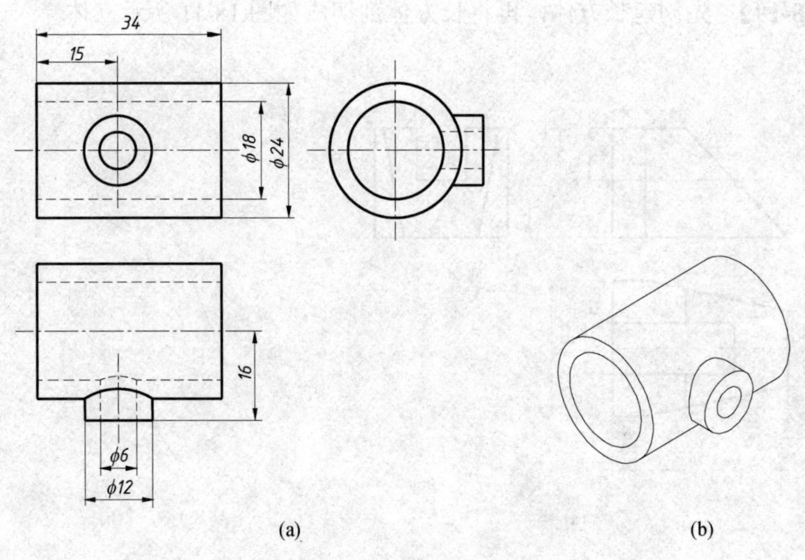

(a) (b)

图 18-13 叠加造型（二）

（a）平面图；（b）立体图

（2）挖切训练。

造型方法：先利用形体分析的方法，将立体看成是由一个大的基本形体（一般为长方体或圆柱、圆球等）挖切掉一些小的基本形体所构成。分别进行大的基本形体和小的基本形体的造型，再将小基本形体移动到大基本形体的适当位置进行挖切操作（布尔求减运算）即可完成造型任务。注意，被挖切掉的部分其实是两立体相交的公共部分，即在创建被挖切掉部分的形体时，可以比需要的形体大，只要多出的部分不与挖切的对象相交即可。

1）挖切基本形体。

【训练 18-22】 创建如图 18-14 所示立体。

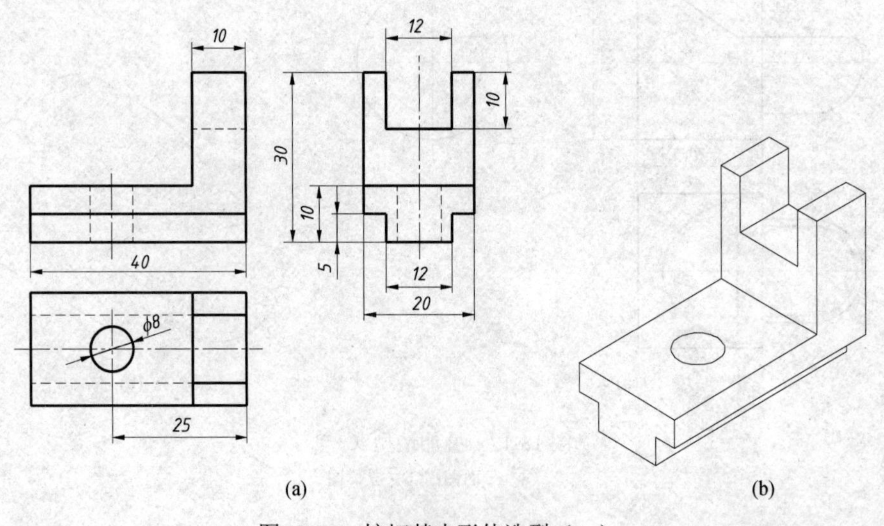

(a) (b)

图 18-14 挖切基本形体造型（一）

（a）平面图；（b）立体图

【训练 18-23】 创建如图 18-15 所示立体。

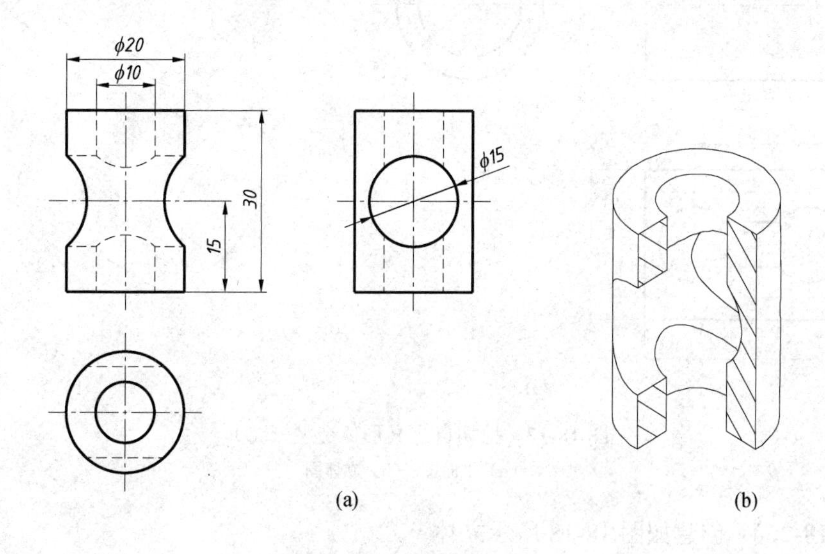

图 18-15　挖切基本形体造型（二）
（a）平面图；（b）立体图

2）挖切自定义形体。

【训练 18-24】 创建如图 18-16 所示立体。

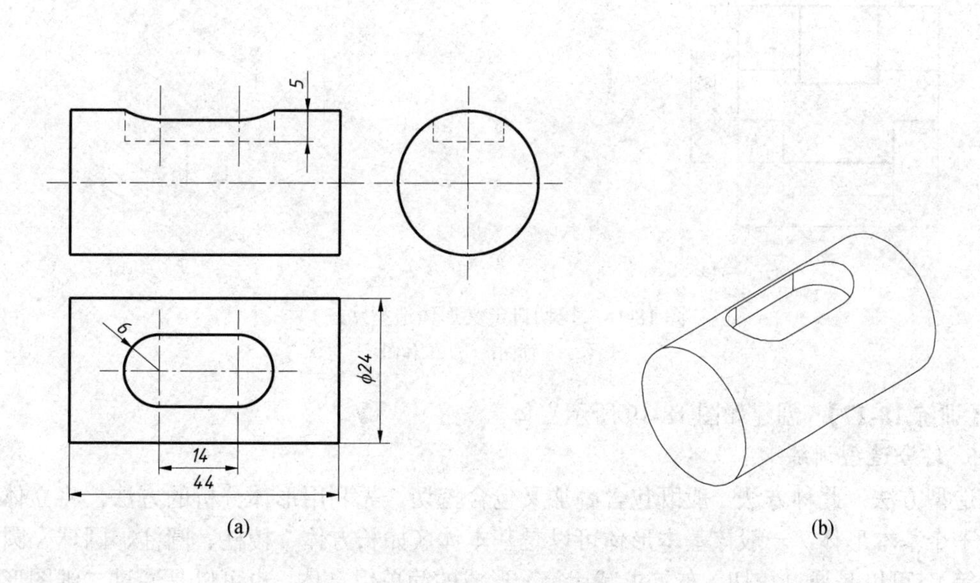

图 18-16　挖切自定义形体造型（一）
（a）平面图；（b）立体图

【训练 18-25】 创建如图 18-17 所示立体。

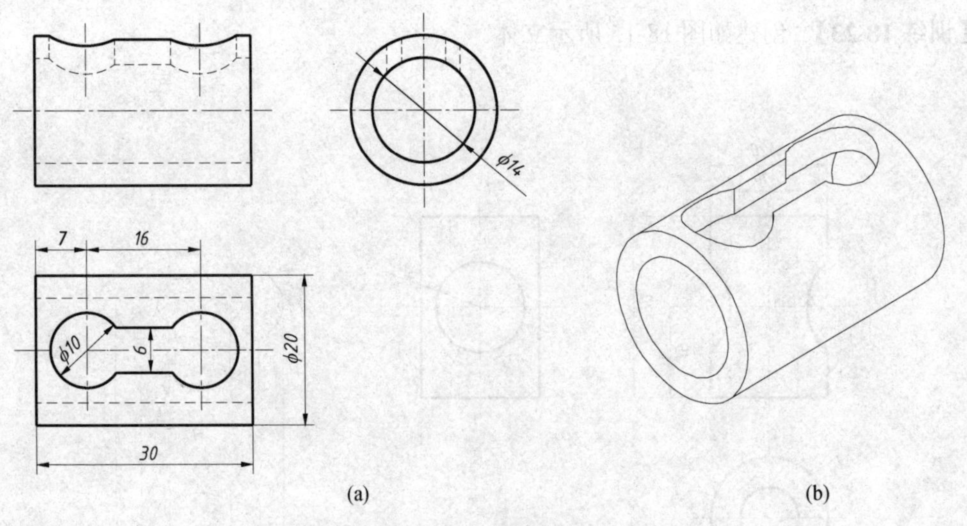

图 18-17　挖切自定义形体造型（二）

（a）平面图；（b）立体图

【训练 18-26】 创建如图 18-18 所示立体。

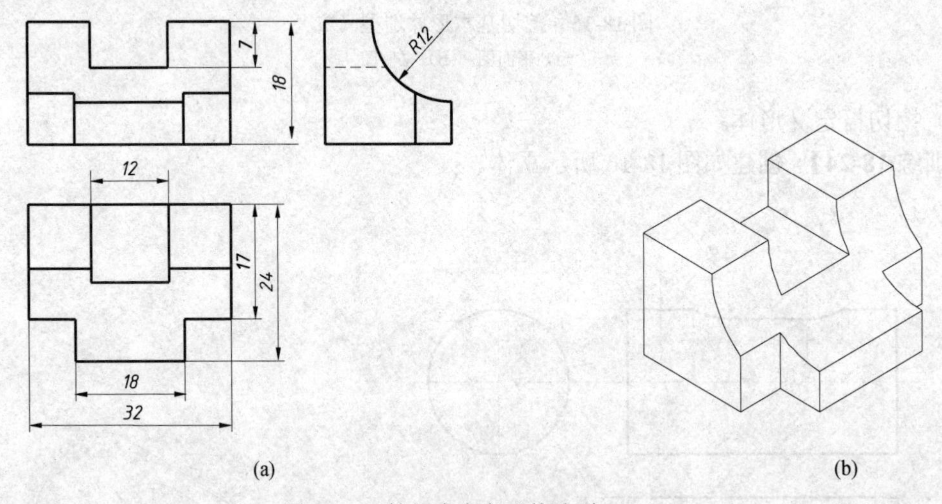

图 18-18　挖切自定义形体造型（三）

（a）平面图；（b）立体图

【训练 18-27】 创建如图 18-19 所示立体。

5. 综合造型训练

造型方法：此种方法一般既包含叠加又包含挖切。先利用形体分析的方法，将立体分解成若干个基本形体，一般该基本形体可以是基本体（如长方体、棱柱、圆柱、圆球、圆锥、圆环等），可以是通过挖切（布尔求减运算）形成的简单组合体，也可以是通过二维图形拉伸或旋转而形成的基本形体。再将这些基本形体进行叠加（布尔求并运算）完成造型任务。

（1）由给出的立体图创建实体造型。

【训练 18-28】 根据［训练 16-5］所示立体图创建实体造型。

【训练 18-29】 根据［训练 18-1］所示立体图创建实体造型。

（2）由给出的立体图和三视图创建实体造型。

【训练 18-30】 由给出的立体图和三视图创建如图 18-20 所示实体造型。

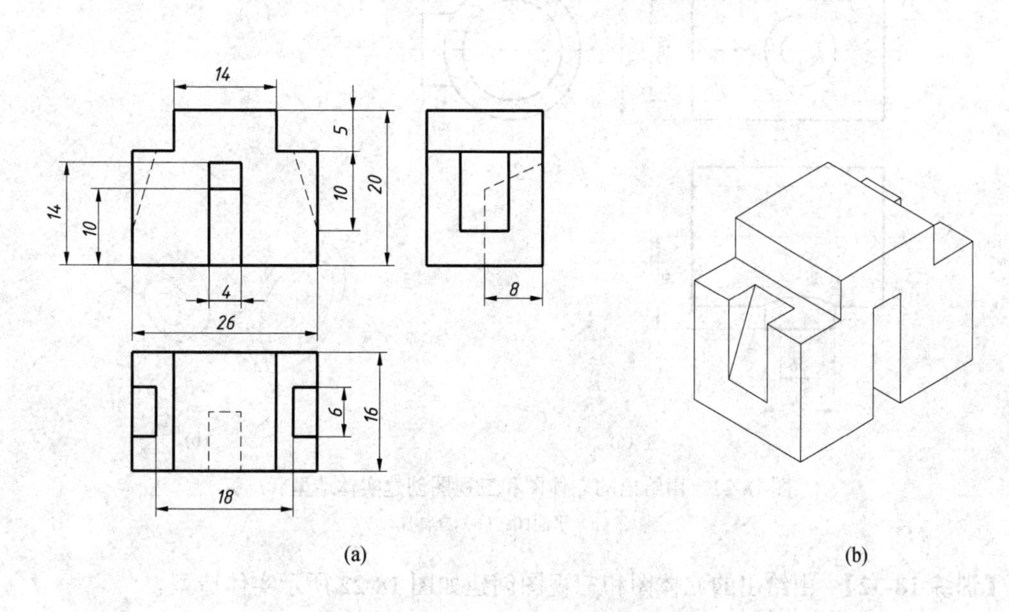

图 18-19　挖切自定义形体造型（四）

（a）平面图；（b）立体图

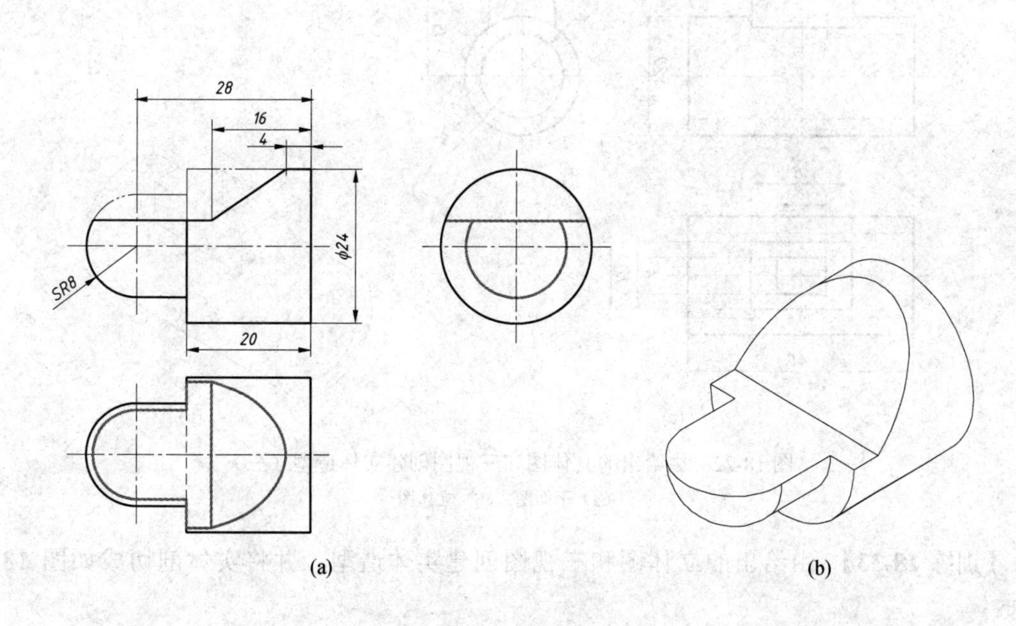

图 18-20　由给出的立体图和三视图创建实体造型（一）

（a）平面图；（b）立体图

【训练 18-31】 由给出的立体图和三视图创建如图 18-21 所示实体造型。

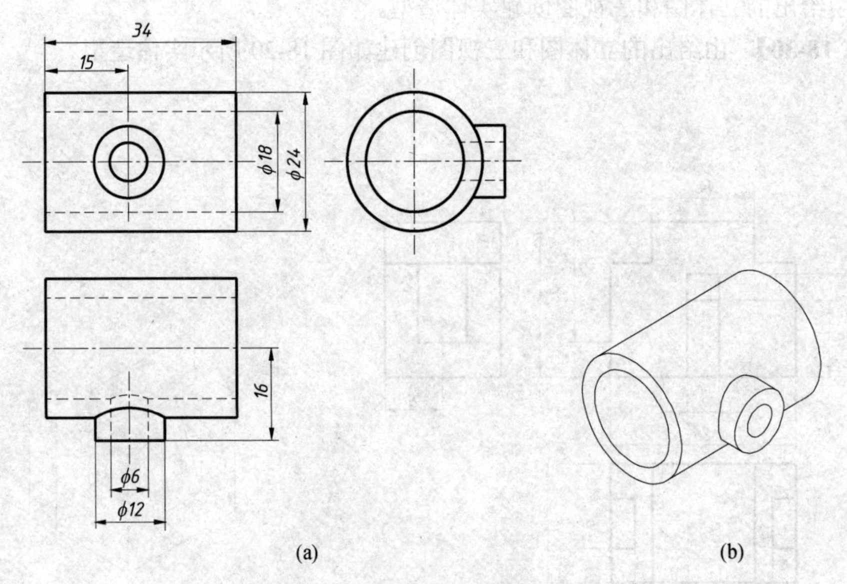

图 18-21　由给出的立体图和三视图创建实体造型（二）

（a）平面图；（b）立体图

【训练 18-32】 由给出的立体图和三视图创建如图 18-22 所示实体造型。

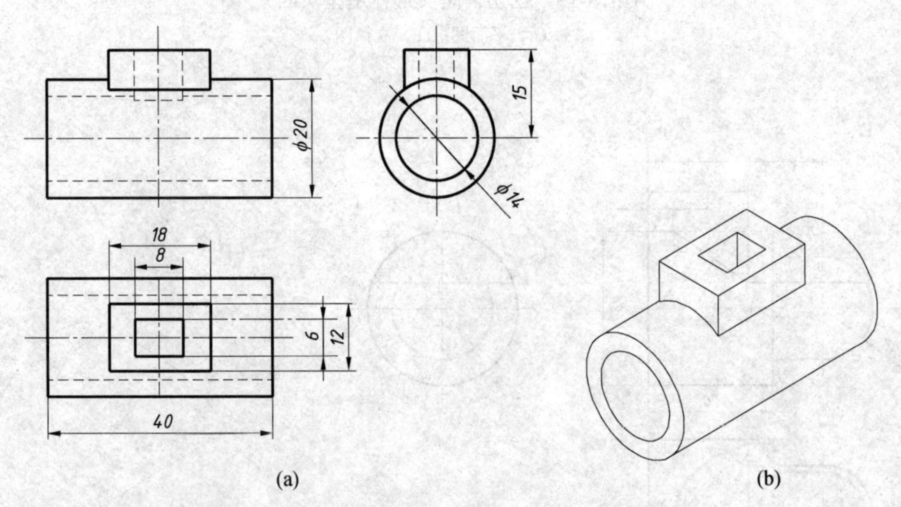

图 18-22　由给出的立体图和三视图创建实体造型（三）

（a）平面图；（b）立体图

【训练 18-33】 由给出的立体图和三视图创建实体造型，并将实体剖切成如图 18-23 所示。

【训练 18-34】 由给出的立体图和三视图创建实体造型，并将实体剖切成如图 18-24 所示。

（3）由给出的三视图创建立体图训练。

【训练 18-35】 由给出的三视图创建实体造型，如图 18-25 所示。

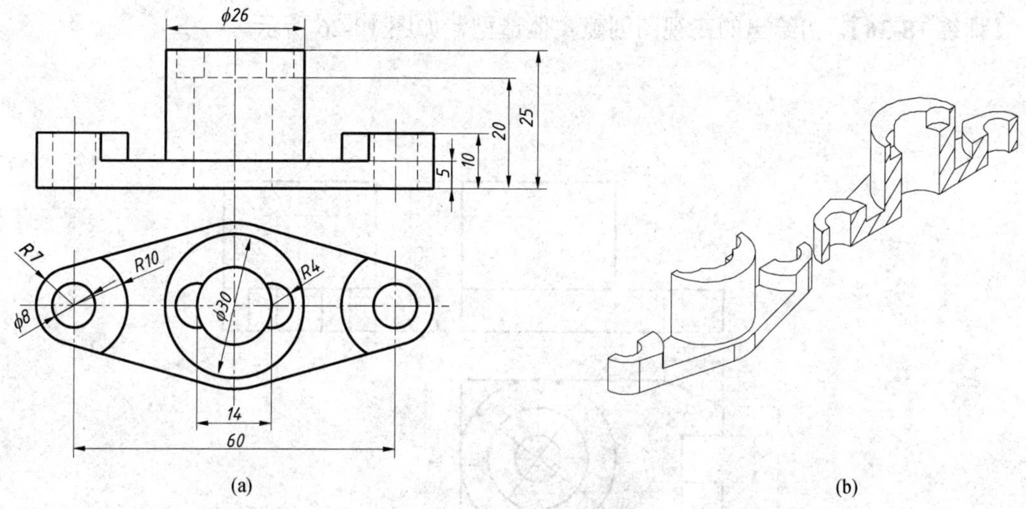

图 18-23　由给出的立体图和三视图创建实体造型（四）

（a）平面图；（b）立体图

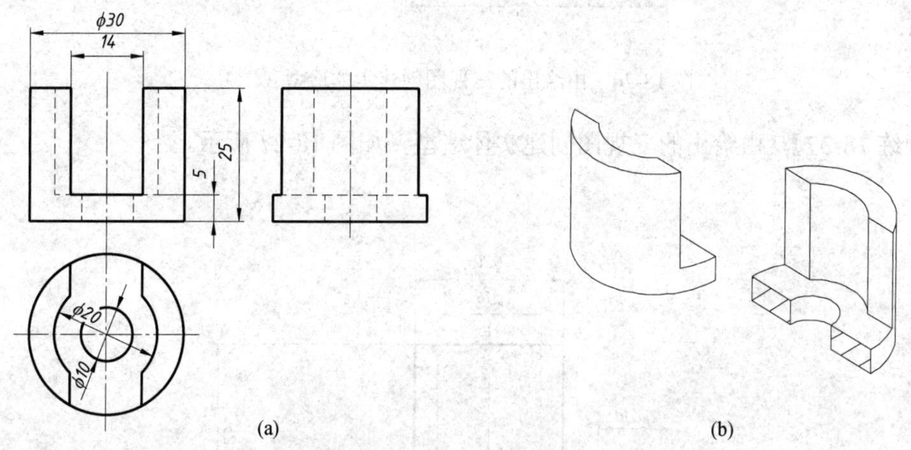

图 18-24　由给出的立体图和三视图创建实体造型（五）

（a）平面图；（b）立体图

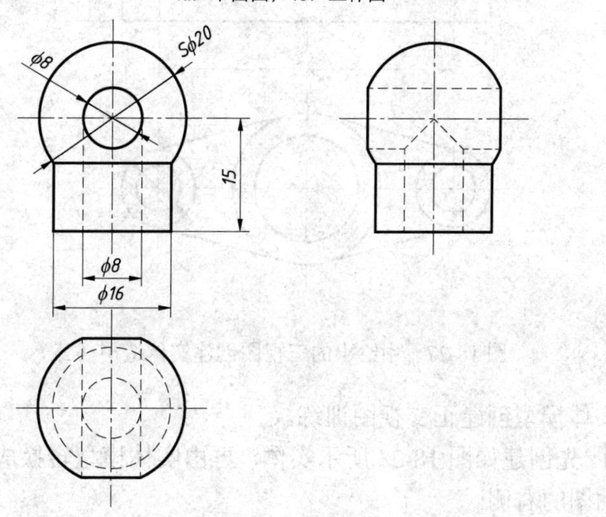

图 18-25　由给出的三视图创建实体造型（一）

【训练 18-36】 由给出的三视图创建实体造型，如图 18-26 所示。

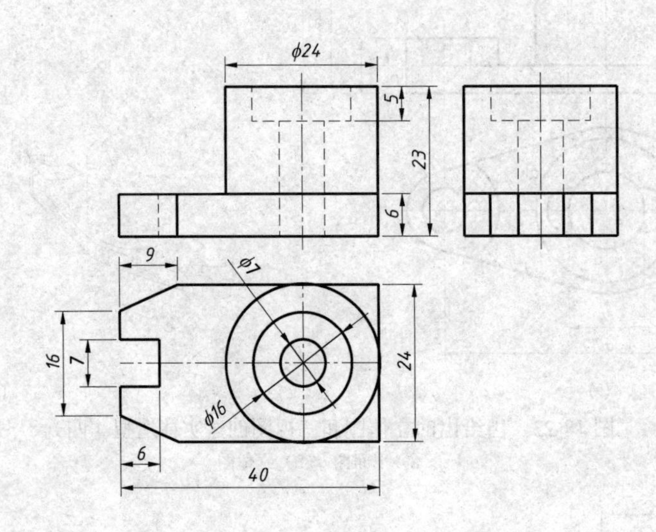

图 18-26 由给出的三视图创建实体造型（二）

【训练 18-37】 由给出的三视图创建实体造型，如图 18-27 所示。

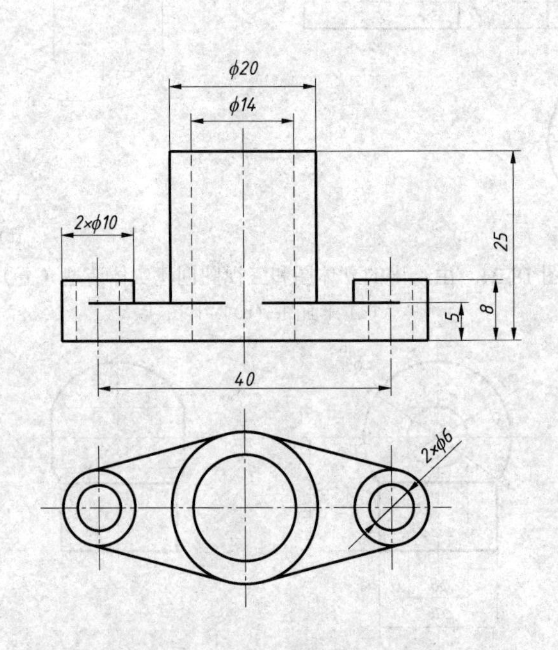

图 18-27 由给出的三视图创建实体造型（三）

（4）由三维实体模型创建正交视图训练。

【训练 18-38】 先创建如图 18-28 所示实体，再由实体模型转换成主视图和俯视图，并将实体图配置在平面图的右侧。

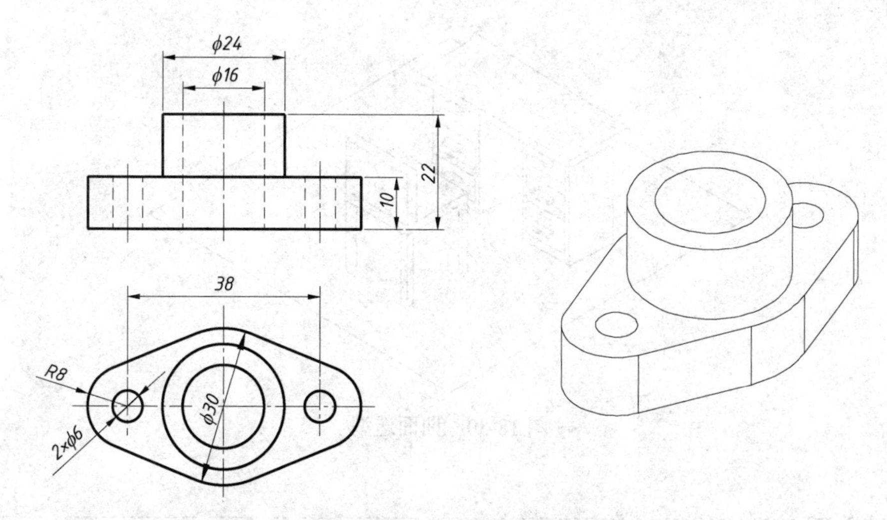

图 18-28　由三维实体模型创建正交视图（一）

【训练 18-39】 先创建如图 18-29 所示实体，再由实体模型转换成主视图、俯视图和左视图，并将实体图配置在平面图的右下角。

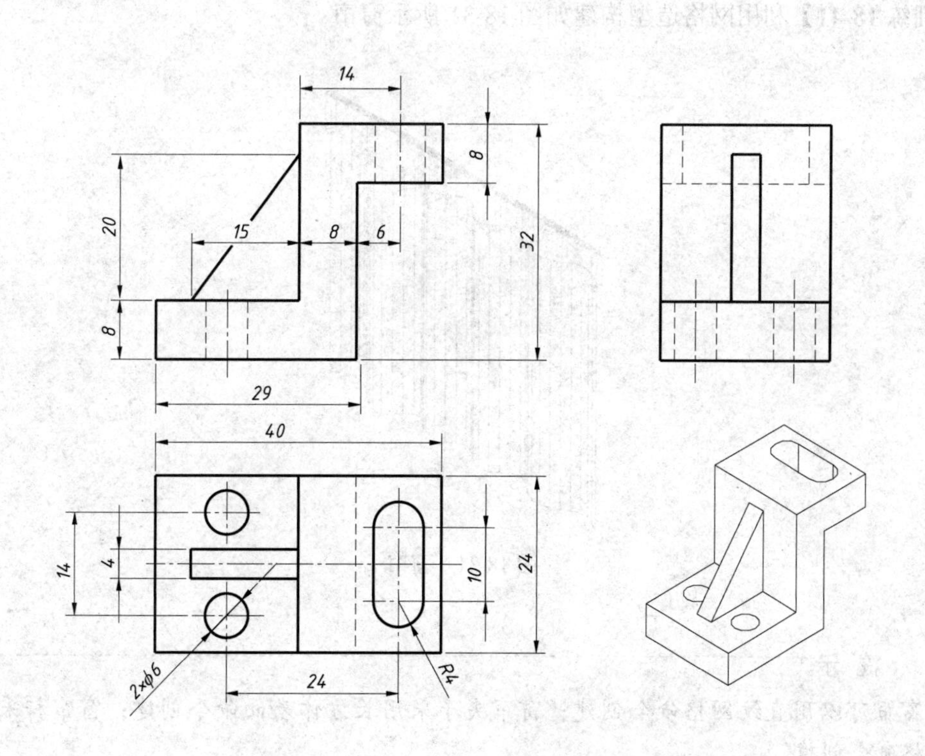

图 18-29　由三维实体模型创建正交视图（二）

18.3.3　网格造型训练

【训练 18-40】 利用网格造型构建如图 18-30 所示桌子和椅子，尺寸自定。

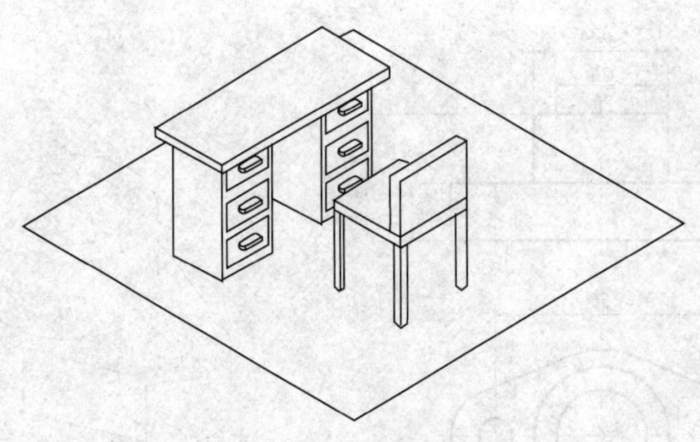

图 18-30　曲面造型

提示

本题可以通过三维面命令（3DFACE）、标高（ELEVE）和厚度（THICKNESS）命令或三维网格基本体命令来构建。

【训练 18-41】利用网格造型构建如图 18-31 所示窗帘。

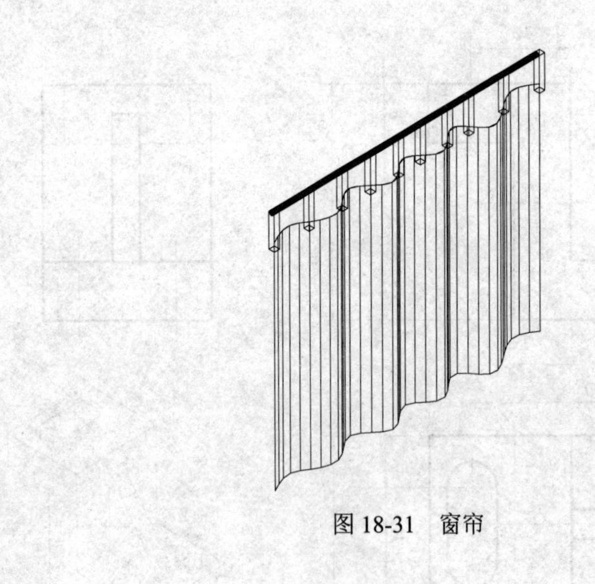

图 18-31　窗帘

提示

窗帘可以用直纹网格命令创建；窗帘夹子采用长方体表面命令创建；窗帘杆采用平移网格命令创建。

【训练 18-42】 利用网格造型构建如图 18-32 所示旋转楼梯，台阶的长、宽、高分别为 20、10、6。

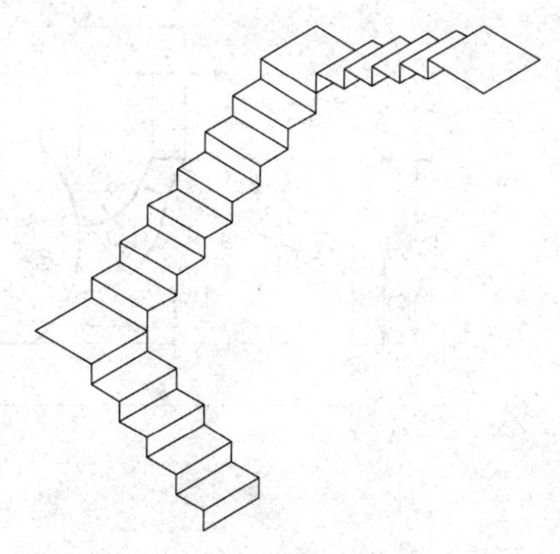

图 18-32　曲面造型

提示

先构建台阶的外形，再利用平移网格完成，在创建过程中应注意坐标系的转换。

【训练 18-43】 创建如图 18-33 所示沙发。沙发垫总长为 180，宽为 40，高为 10；沙发扶手截面图形如图所示，宽为 50。沙发靠背总长为 180，截面如图所示。

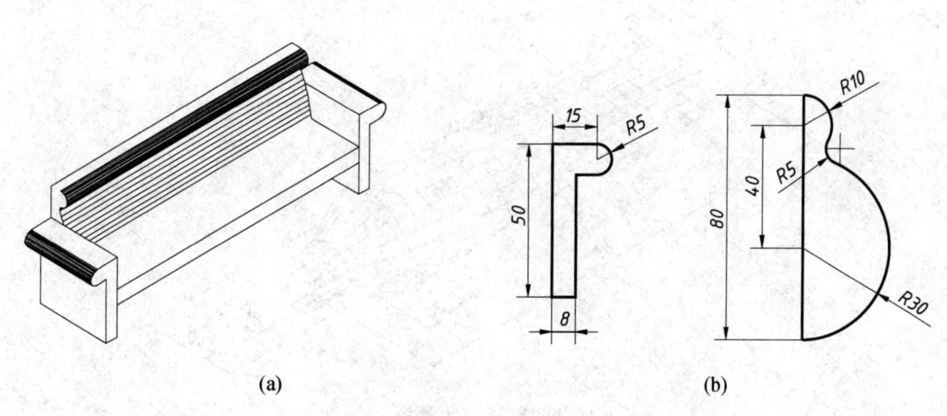

图 18-33　沙发

（a）沙发；（b）扶手截面图和靠背截面图

提示

沙发靠背和扶手用平移网格完成；沙发垫用长方体表面完成。

【训练 18-44】 创建如图 18-34 所示茶壶，茶壶截面尺寸如图 18-34 所示。

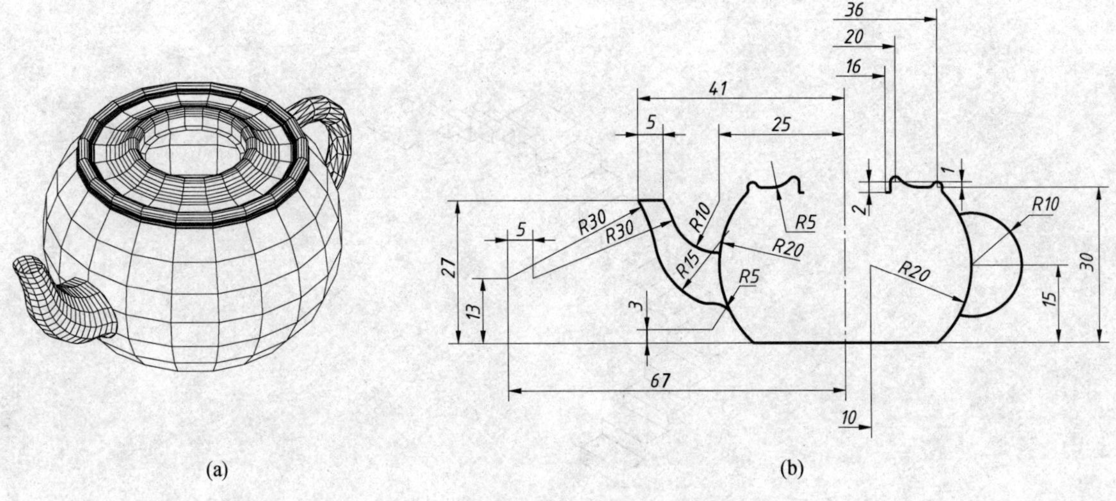

图 18-34 茶壶

（a）茶壶立体图；（b）茶壶截面图

提示

茶壶嘴采用边界网格完成；茶壶体采用旋转网格完成；茶壶把采用实体旋转完成。

【训练 18-45】 利用网格造型构建如图 18-35 所示牙膏袋。

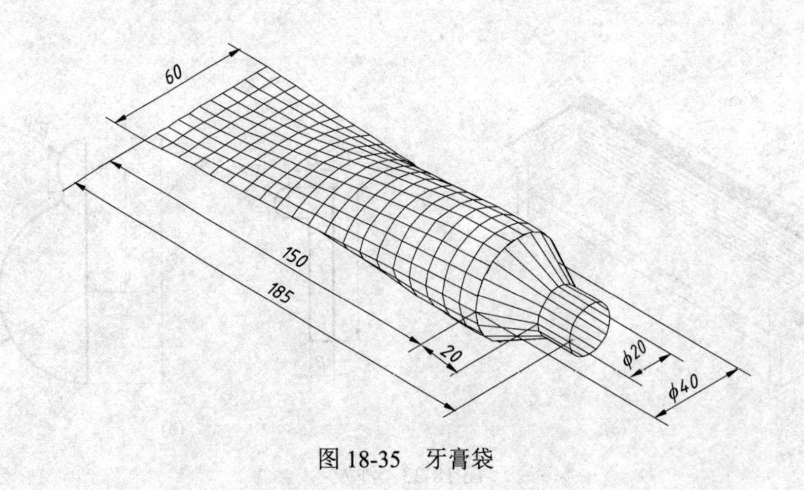

图 18-35 牙膏袋

提示

牙膏头部利用直纹网格完成；牙膏尾部利用边界网格完成。

18.3.4 消隐、视觉样式、渲染训练

【训练 18-46】 构建如图 18-36 所示雨伞造型，并分别对雨伞进行消隐、视觉样式和渲染，观察效果有何不同。

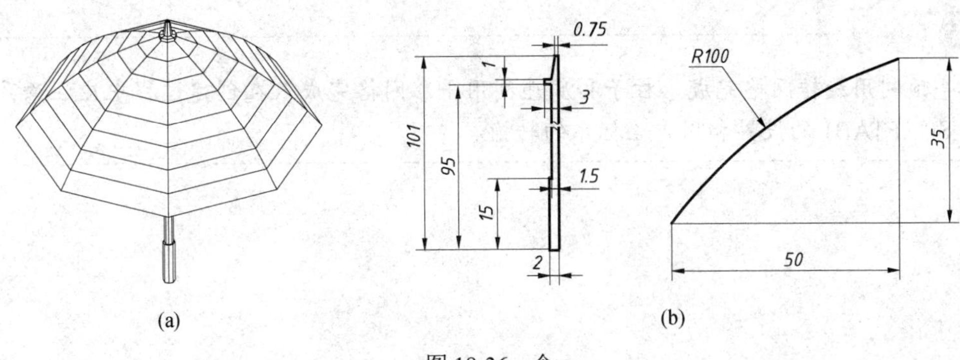

(a)　　(b)

图 18-36　伞

（a）伞；（b）伞柄和伞面曲线截面图

提 示

伞面的创建可以先创建伞面曲面［如图 18-36（b）所示］并将其环形阵列 8 个，再利用直纹网格和阵列命令完成，伞柄利用旋转网格完成。

【训练 18-47】 构建如图 18-37 所示亭子造型，并分别对亭子进行消隐、视觉样式和渲染，观察效果有何不同。（柱子高度为 100，底座高度为 15）

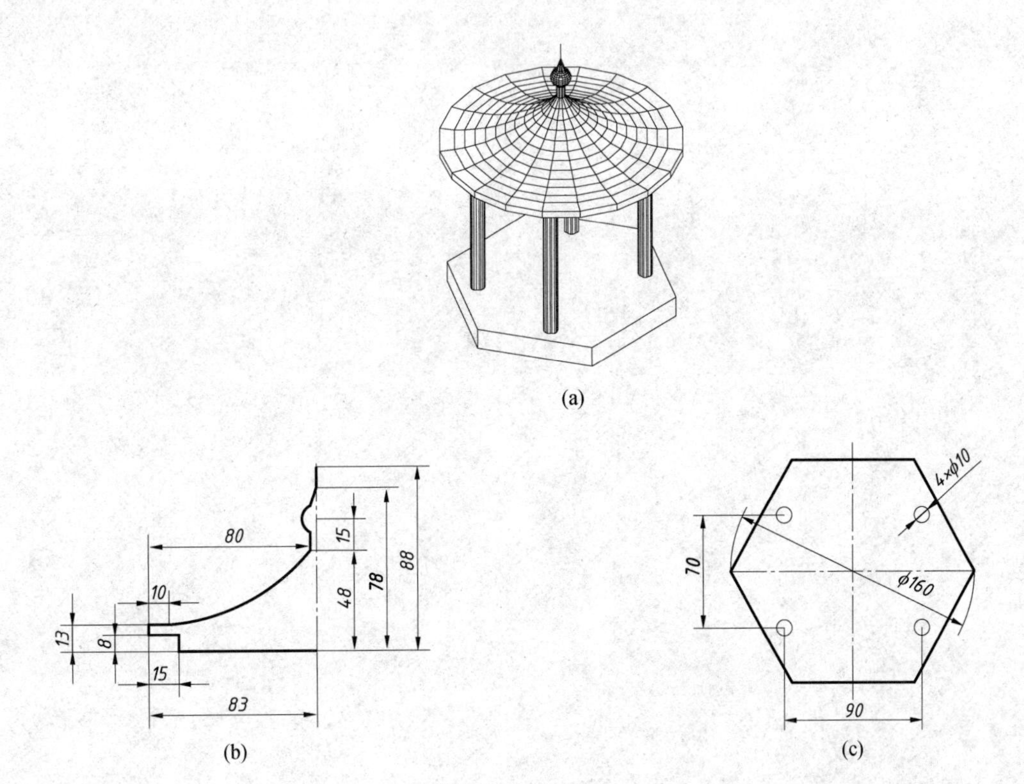

(a)

(b)　　(c)

图 18-37　亭子

（a）亭子立体图；（b）亭顶截面图；（c）亭座俯视图

亭顶利用旋转网格完成；柱子和底座利用平移网格完成。在创建过程中应注意系统变量 SURFTAB1 的设置和用户坐标系的转换。

第19章 高级功能训练

19.1 训 练 目 的

（1）掌握并提高坐标、距离、角度面积、系统变量、时间查询、状态、面域/质量特性的查询方法。

（2）熟悉并掌握脚本文件的使用方法与调用方法。

（3）熟悉并掌握线形的定义方法与调用方法。

（4）熟悉并掌握图案填充的定义方法与调用方法。

19.2 知 识 要 点

（1）在 AUTOCAD 中提供了查询功能，主要有列表 LIST（显示选定对象的数据库信息）、距离 DISP（测量两点之间的距离和角度）、面积 AREA（计算对象或指定区域的面积和周长）、坐标 ID（显示位置的坐标）、面域质量特性 MASSPROP（计算面域或实体的质量特性）、图形文件特性信息、STATUS（显示图形的统计信息、模式和范围）、时间 TIME（显示图形的日期和时间统计信息）等。

（2）脚本文件是每行包含一个命令的文本文件，也可以称为是由若干个命令和其参数组成的命令组文件。用户可以在启动时调用脚本，也可以用 SCRIPT 命令在 AutoCAD 中运行。可以用文本编辑器（如：记事本）或字处理器（如：Word）在 AutoCAD 外部创建脚本文件，但文件扩展名必须是“.scr”。脚本文件中的空格或 ENTER 键当作命令或数据字段结束符。必须对 AutoCAD 提示顺序非常熟悉，才能在脚本文件中提供相应的响应顺序。脚本文件中以分号“；”开始的所有行都被当作注释行，AutoCAD 在处理脚本文件时将忽略这些注释行。文件的最后一行必须为空。

（3）AutocAD 的线型分简单线型和复杂线型两种类型。

1）所谓简单线型，是指线型只由线段、空和点组成。简单线型中，每个线型的定义都由标题行和定义行组成。

标题行的格式为：　　*线型名[，说明]

定义行的格式为：A，dash_1，dash_2，…dash_n

2）复杂线型的定义格式与简单线型的定义格式基本相同，即由标题行和定义行组成，不同之处是在定义行中当通过 dash_i 描述线型的形式时，加入了嵌套文字串或嵌套形的内容。在线型定义的定义行中嵌套文字串的格式为：

[String，Text Style，R=n1，A=n2，S=n3，X=n4，Y=n5]

（4）AUTOCAD 和 WINDOWS 其他应用程序之间可进行数据交换和 OLE（对象链接与嵌入）。将 AUTOCAD 文件导出到其他软件当中可以使用下拉菜单“文件”中的“输出”项。

若需导入可以使用下拉菜单“插入”中的相关项。或者还可以使用 WINDOWS 中的剪贴板进行操作。

19.3 训 练 内 容

19.3.1 查询功能训练

1. 坐标（ID）、距离和角度（DIST）查询

【训练 19-1】 先绘制图 19-1，再查询 *A*、*B*、*C* 三点的坐标是什么？直线 *AB*、*BC*、*CA* 的长度是多少？

【训练 19-2】 先绘制图 19-2，再查询直线 *AB* 的长度是多少？

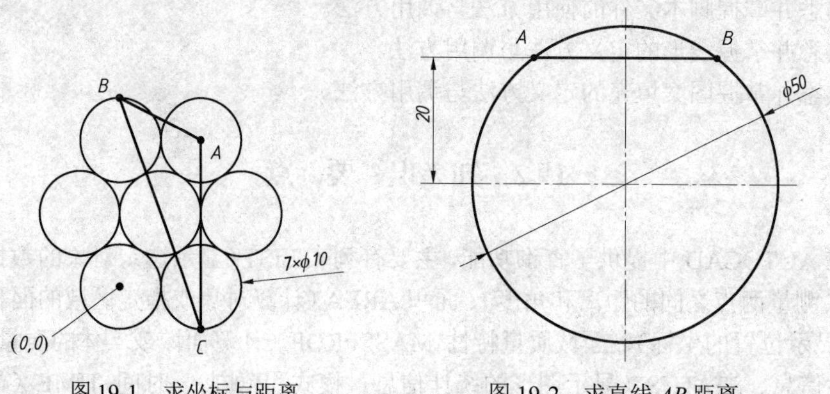

图 19-1 求坐标与距离　　图 19-2 求直线 *AB* 距离

【训练 19-3】 先绘制图 19-3，再查询直线 *L* 的长度是多少？三角形的其他两个锐角和角度是多少？

【训练 19-4】 先绘制图 19-4，再查询图中未知线段的长度和未知角的角度。

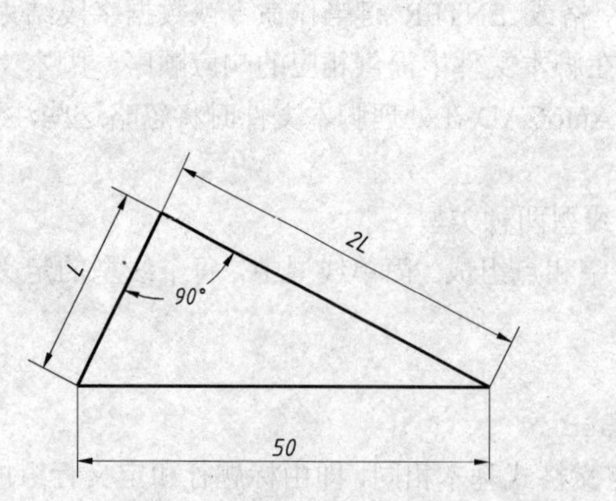

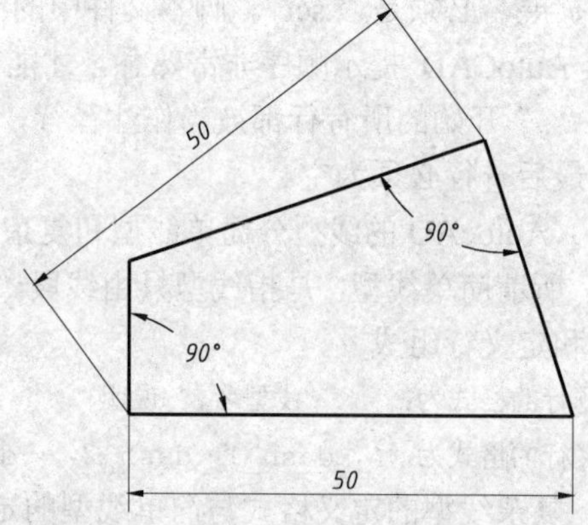

图 19-3 求直线 *L* 的长度与其他两个锐角的角度　　图 19-4 求未知线段距离与未知角的角度

2. 面积查询（AREA）

【训练 19-5】 先绘制图 19-5，再查询该正六边形的面积是多少？

【训练 19-6】 先绘制图 19-6，再查询该图阴影部分的面积是多少？

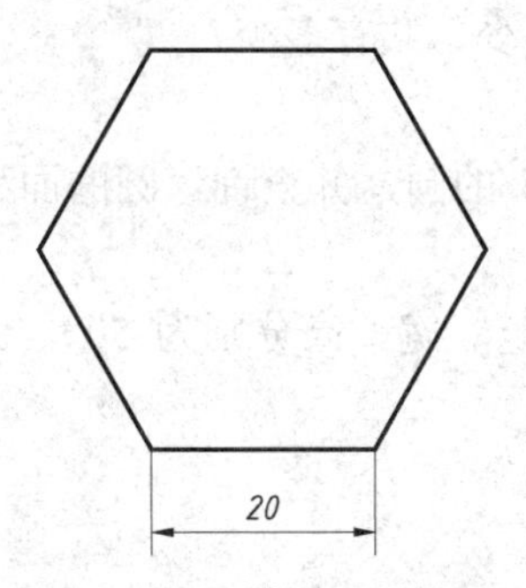

图 19-5 求正六边形的面积

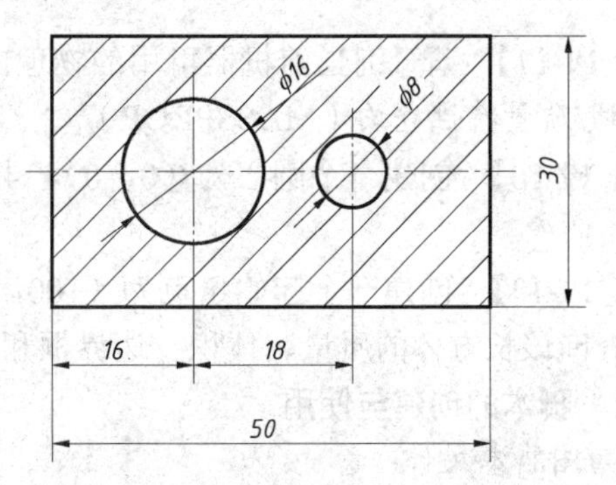

图 19-6 求阴影部分的面积

【训练 19-7】 已知大圆的直径为 50，内部四个小圆均相切，如图 19-7 所示。求区域 *A* 和区域 *B* 的面积各为多少？区域 *A*、区域 *B* 和区域 *C* 的面积之和是多少？

【训练 19-8】 如图 19-8 所示，已知大圆的直径为 50，求其内部阴影部分的面积？

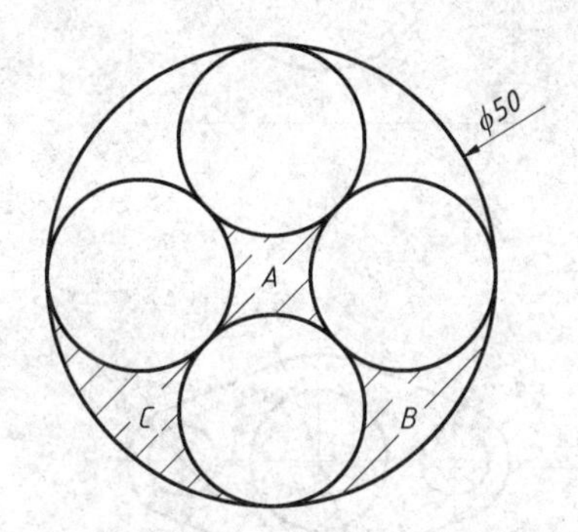

图 19-7 求阴影部分的面积

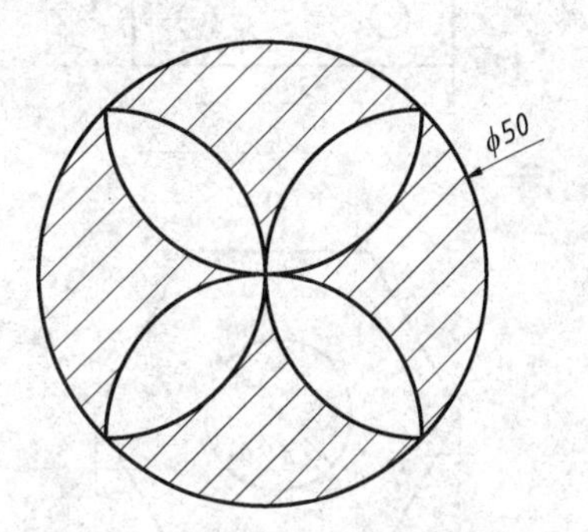

图 19-8 求内部阴影部分的面积

3. 设置变量（SETVAR）

【训练 19-9】 请查询系统变量 DIMTXT、ISOLINES、SURFTAB1、SURFTAB1、ZOOMFACTOR 的值是多少？

【训练 19-10】 请查询所有系统变量的值是多少？

4. 时间查询（TIME）

【训练 19-11】 请在 AutoCAD 中查询当前系统时间。

【训练 19-12】 打开 AutoCAD 安装目录下 SAMPLE 文件夹中的 8th floor plan.dwg，请查询该文件的创建时间、上次更新时间和累计编辑时间。

【训练 19-13】 先新建一张新图，再设置其自动保存时间为 10min，查询距离下一次自动保存的时间还有多少？

5. 状态查询（STATUS）

【训练 19-14】 打开 AutoCAD 安装目录下 SAMPLE 文件夹中的 Oil Module.dwg，请查询当前文件中的对象个数、模型空间范围、显示范围、插入基点、捕捉分辨率、栅格间距和当前标高。

【训练 19-15】 打开 AutoCAD 安装目录下 SAMPLE 文件夹中的 Hotel Model.dwg 并请查询该文件自动捕捉选项有哪些？

【训练 19-16】 新建一个文件并查询该文件所在磁盘的空间有多少，可用磁盘空间有多少。

【训练 19-17】 请查询当前机器可用的物理内存有多少，共有多少？

6. 面域/质量特性查询（MASSPROP）

【训练 19-18】 创建一个圆心为（0，0），半径为 25 的圆，并查询该圆的面积、周长、边界框、质心？

【训练 19-19】 创建一个起始角点为（100，100），长、宽、高分别为 50、40、30 的长方体，并查询该长方体的质量、体积、边界框和质心？

19.3.2 脚本的创建与使用

1. 平面图脚本文件

【训练 19-20】 利用脚本文件创建图 19-9 所示各图形。

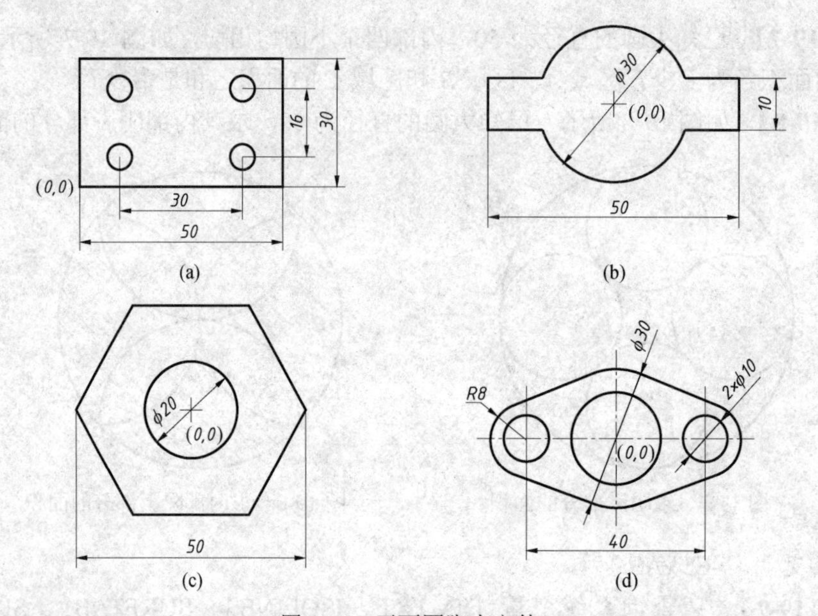

图 19-9 平面图脚本文件

2. 立体图脚本文件

【训练 19-21】 如图 19-10 所示，已知圆柱底圆圆心为（0，0），半径为 5，高度为 40；圆球的圆心在圆柱的圆心上，且半径为 10，利用脚本文件创建该图。

【训练 19-22】 利用脚本文件创建如图 19-11 所示立体。

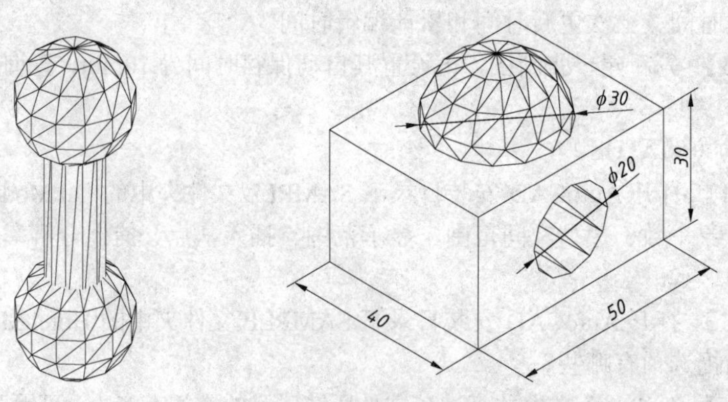

图 19-10 立体图脚本文件（一） 图 19-11 立体图脚本文件（二）

19.3.3　自定义线型与填充图案

1. 自定义线型

【训练 19-23】 创建如图 19-12 所示线型。

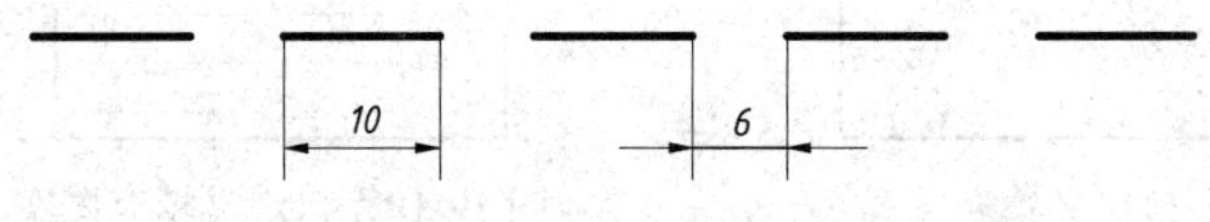

图 19-12　自定义简单线型（一）

【训练 19-24】 创建如图 19-13 所示线型。

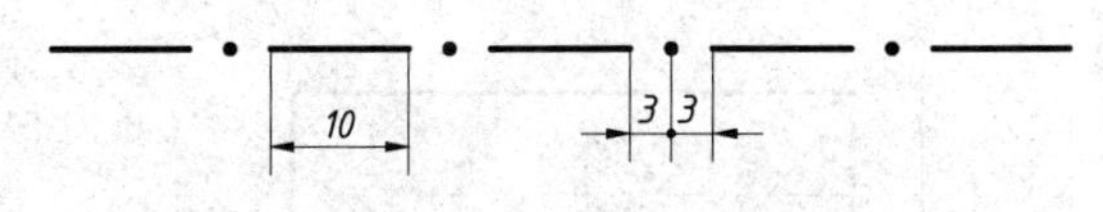

图 19-13　自定义简单线型（二）

【训练 19-25】 创建如图 19-14 所示线型。

【训练 19-26】 创建如图 19-15 所示线型。

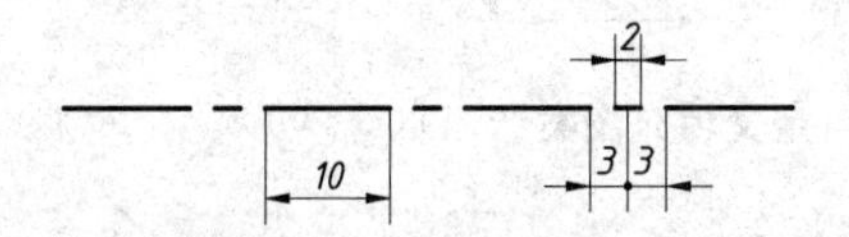

图 19-14　自定义简单线型（三）

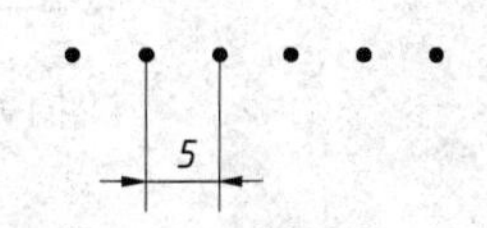

图 19-15　自定义简单线型（四）

【训练 19-27】 创建如图 19-16 所示线型。

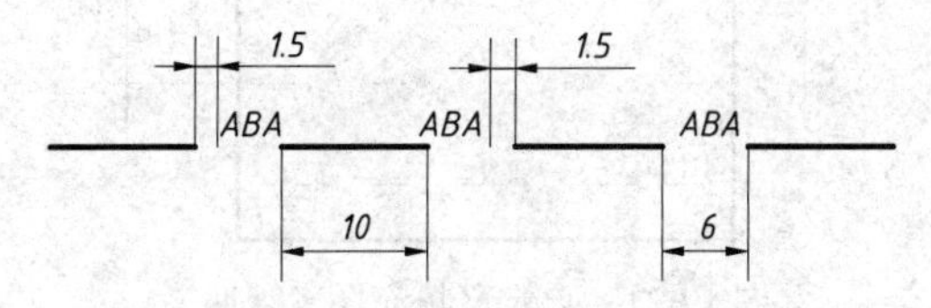

图 19-16　自定义复杂线型（一）

【训练 19-28】 创建如图 19-17 所示线型。

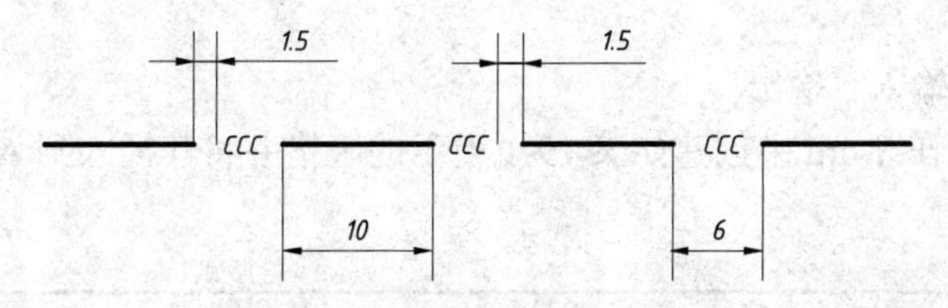

图 19-17　自定义复杂线型（二）

2. 自定义填充图案

【训练 19-29】 创建如图 19-18 所示填充图案。

【训练 19-30】 创建如图 19-19 所示填充图案。

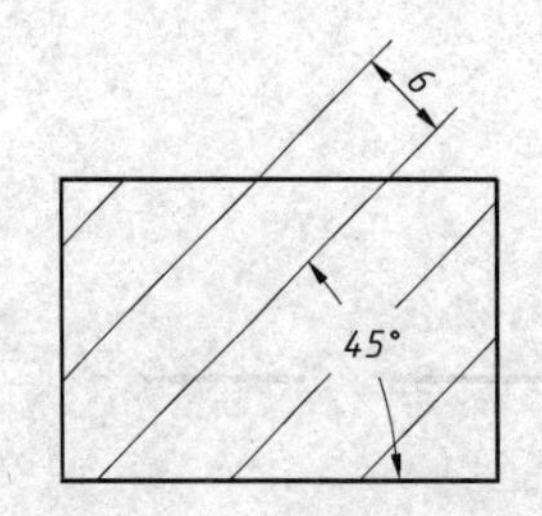

图 19-18 自定义填充图案（一）

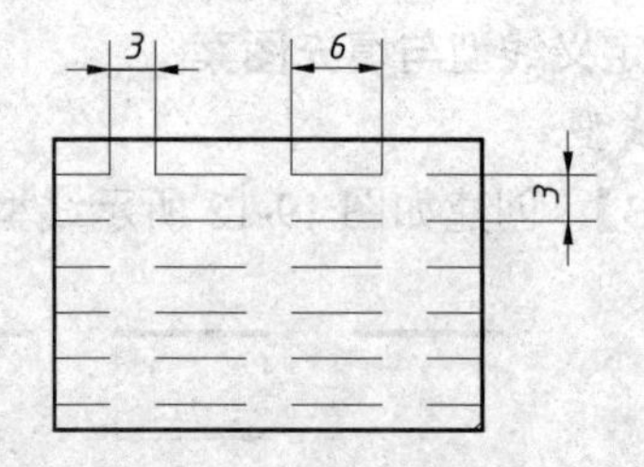

图 19-19 自定义填充图案（二）

【训练 19-31】 创建如图 19-20 所示填充图案。

【训练 19-32】 创建如图 19-21 所示填充图案。

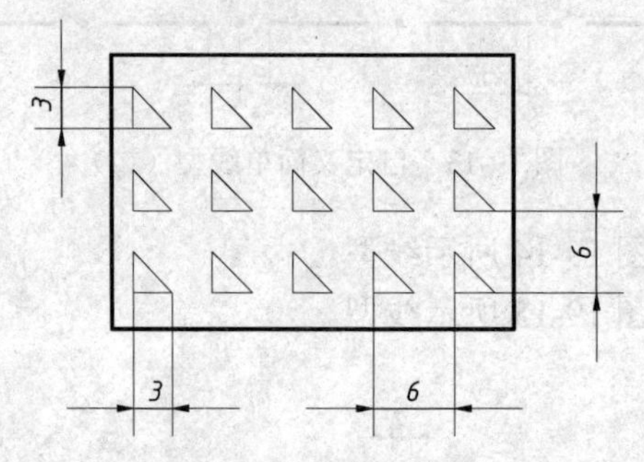

图 19-20 自定义填充图案（三）

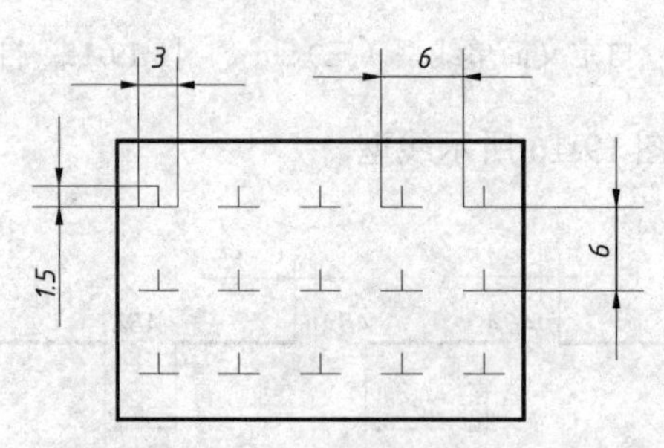

图 19-21 自定义填充图案（四）

19.4 文件的输入、输出与文件格式的转换

19.4.1 文件的输入、输出

【训练 19-33】 在 Word 中创建如表 19-1 所示的表格并将其插入到 AutoCAD 中。

表 19-1 表 格

模数		
齿数		
齿形角		
精度等级		

续表

卡入齿数			
卡尺工作长度			
配偶齿轮	件号		
	齿数		

【训练 19-34】 将［训练 19-33］中的表格修改成表 19-2。

表 19-2　　　　表　格

模数		m	2
齿数		Z1	30
齿形角		α	20
精度等级			7-Dc
卡入齿数			6
卡尺工作长度			40
配偶齿轮	件号		6758
	齿数	Z2	204

【训练 19-35】 在 AutoCAD 中创建如表 19-3 所示，并将其插入到 Word 中。

表 19-3　　　　表　格

（图名）			材料		比例	
			数量		图号	
制图			（单位名称）			
审核						

【训练 19-36】 将［训练 19-35］中的表格修改成表 19-4。

表 19-4　　　　表　格

零件图			材料	45	比例	1:1
			数量	1	图号	LJ-01
制图			机电工程学院			
审核						

19.4.2 文件格式的转换

【训练 19-37】 其 AutoCAD 中创建如图 19-22 所示图形，并将其转换为 BMP 格式的图形，并在画图程序中打开。

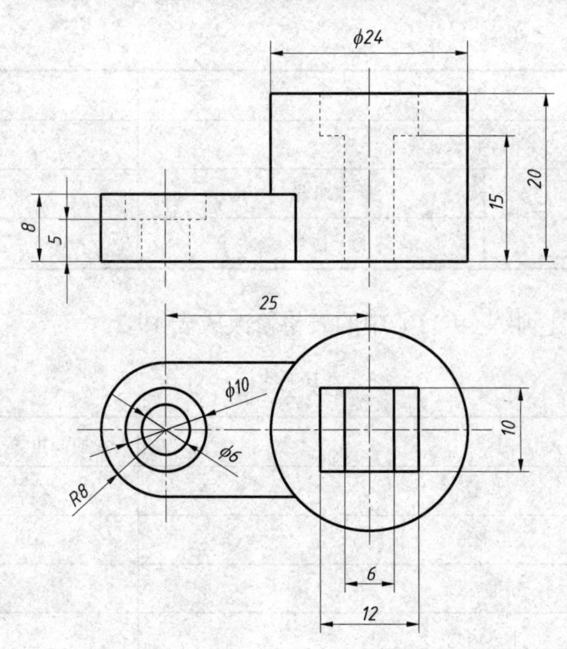

图 19-22　由给出的三视图创建实体造型

【训练 19-38】 在 AutoCAD 中创建如图 19-23 所示的立体，并将其转换为 3ds max 可以识别的格式，再在 3DS MAX 为其设计旋转动画。

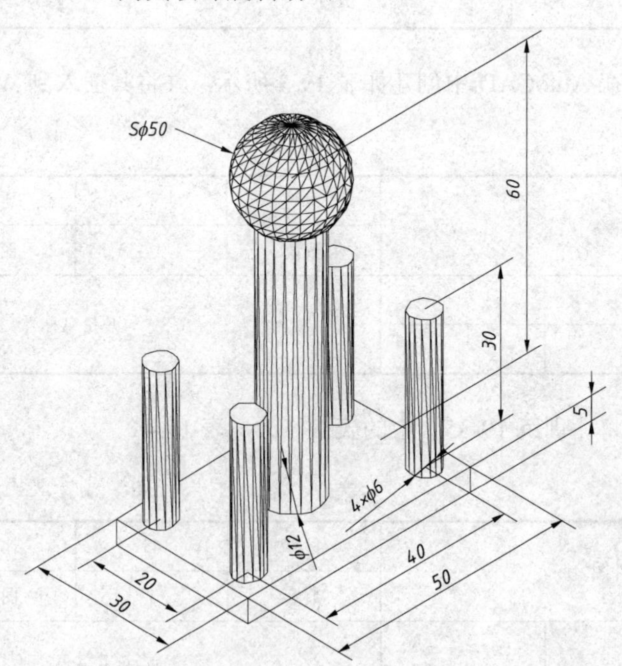

图 19-23　由 AutoCAD 向 3ds max 的格式转换

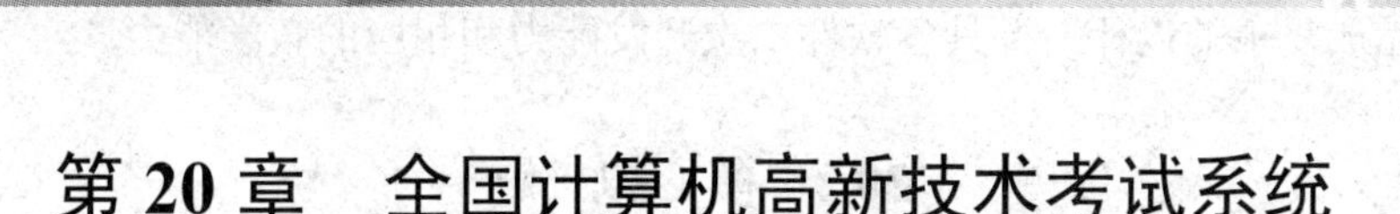

第 20 章　全国计算机高新技术考试系统

20.1　系　统　简　介

20.1.1　全国计算机高新技术考试

全国计算机信息高新技术考试是国家实施的检测计算机操作人员实际操作技能水平的一种考试。该考试根据计算机在不同领域的应用，设计若干个实用软件应用模块，分别独立进行培训与考核。全国计算机信息高新技术考试实行智能化考试，该考试采用美国 ATA 公司（American Testing Authority Inc.）先进的、使用范围广泛的计算机技能测试系统，进行真实的环境模拟操作考试，ATA 实行智能化网络远程控制和管理，摒除了以往考试方式中人为因素的影响，实现了出卷、考试、评卷整个考试过程的自动化，使得这项考试变得更公正、客观、合理，使得证书的含金量大大提高。考试实行随时报名、随时组织，合格者由劳动和社会保障部职业技能鉴定中心统一核发《计算机信息高新技术考试合格证书》，或由省劳动保障部门核发相应等级《职业资格证书》，该证书可作为国家规定的技术职业（工种）上岗、就业所必须持有的凭证，是就业的通行证。

20.1.2　考试方式

考试使用全国统一题库，考生按照操作要求，完成指定的考试题目。考试全部在计算机的相应操作系统和应用程序中完成。操作员和高级操作员级的考试全部采取上机实际测试操作技能的方式，考试时间为 120min（个别模块的考试时间为 180min）。

20.1.3　考试特点

一是属于水平考试，突出实用性，强调对应试者实际操作技能的考核，避免死记硬背。着重考核实际应用能力，摒弃无关紧要的理论。考生只要具备基本的计算机信息技术技能，即可通过操作员级的考试。

二是实行题库和标准答案公开。不搞猜题战术，通过建立题库，将所有考试题目和答案编成试题汇编提供给考生，考生只要能够独立完成试题，即能通过相应模块的考试，取得相应的证书。每个模块八个单元，每个单元含 20 道题。考试时从每个单元的 20 道题中随机抽取 1 道题，组成 1 套有 8 道题的试卷。

20.1.4　计算机辅助设计模块

绘图员：专项技能水平达到相当于中华人民共和国职业资格技能等级四级。能使用一种计算机辅助设计软件及其相关设备以交互方式进行较简单的图形绘制，完成较简单设计。

高级绘图员：专项技能水平达到相当于中华人民共和国职业资格技能等级三级。能使用一种计算机辅助设计软件及其相关设备完成综合性工作，以交互方式独立、熟练地绘制较复杂的图形，完成较复杂的设计，并具有相应的教学能力。

绘图师：专项技能水平达到相当于中华人民共和国职业资格技能等级二级。能使用一种计算机辅助设计软件及其相关设备完成复杂的综合性工作，以交互方式独立、熟练地绘制复杂的图形，完成复杂的设计，并具备软件二次开发能力和相应的教学能力。

20.2 模 拟 题

第 1 题

打开图形文件 Scad1-1.dwg，如图 20-1［样张 1-1A］所示，完成后面的工作。

（1）复制图形：使用镜像、阵列命令复制图形，如［样张 1-1B］所示。

（2）修剪、修改圆角：利用修剪、圆角命令修改图形（圆角半径为 30），如［样张 1-1C］所示。

（3）调整图形线宽：使用改变图层的方法调整线宽（线宽为 0.30mm），完成作图，如［样张 1-1D］所示。

将完成的图形以 Tcad1-1.dwg 为文件名保存。

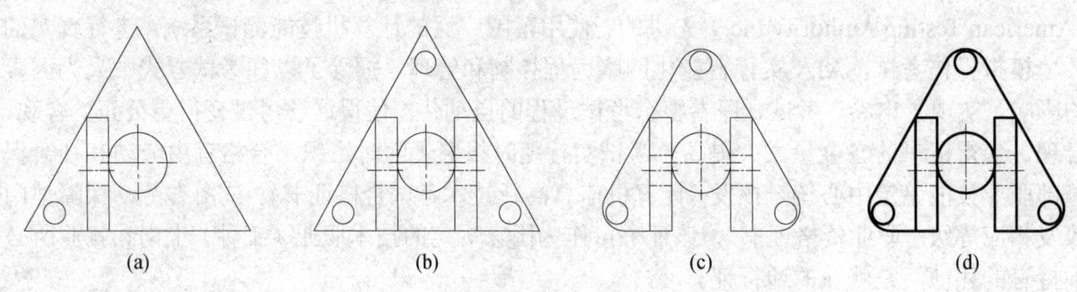

图 20-1　样张 1-1

（a）样张 1-1A；（b）样张 1-1B；（c）样张 1-1C；（d）样张 1-1D

第 2 题

打开图形文件 Scad2-2.dwg，如图 20-2（a）所示，完成以下操作。

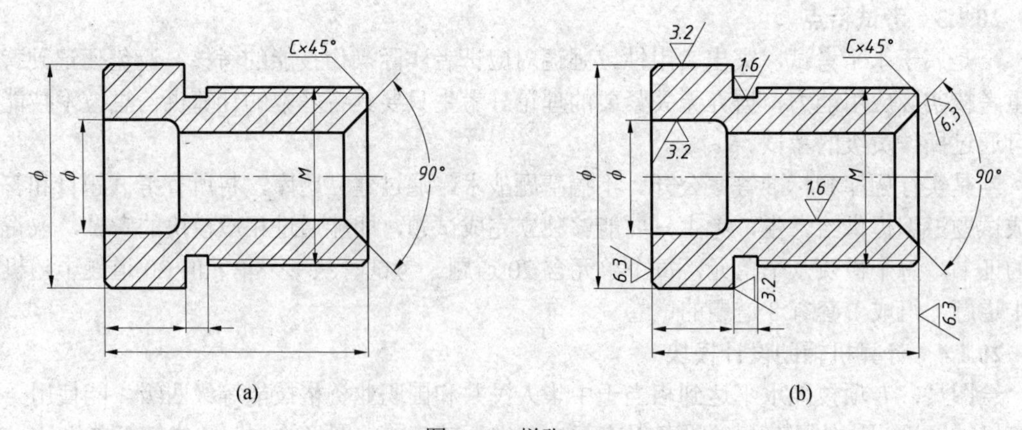

图 20-2　样张 2-2

（a）Scad2-2.dwg；（b）样张 2-2A

（1）创建块：

1）创建新图层 block，将颜色设置为红色，线型设置为细实线。

2）在图层 block 中绘制块图形。

3）在块图形中插入属性。

4）将块图形定义成块。

（2）插入块：参照［样张 2-2A］所示，在指定位置插入块。

将完成的图形以 Tcad2-2.dwg 为文件名保存。

第 3 题

按图形尺寸精确绘图（如图 20-3［样张 3-1］所示），绘图方法和图形编辑方法不限，未明确线宽，线宽为 0，按本题图示标注图形。

建立新文件，完成以下操作。

（1）设置绘图环境：建立合适的图限及栅格，创建如下图层。

1）图层 L1，线型为 Center，颜色为红色，轴线绘制在该层上。

2）标注层 DIM，颜色为紫色，线型为细实线，标注绘制在该层上。

3）其他图形均创建在默认的图层 0 上。

（2）精确绘图：根据试题中的尺寸，利用绘图和修改命令精确绘图。

（3）尺寸标注：创建合适的标注样式，标注图形。

将完成的图形以 Tcad3-1.dwg 为文件名保存。

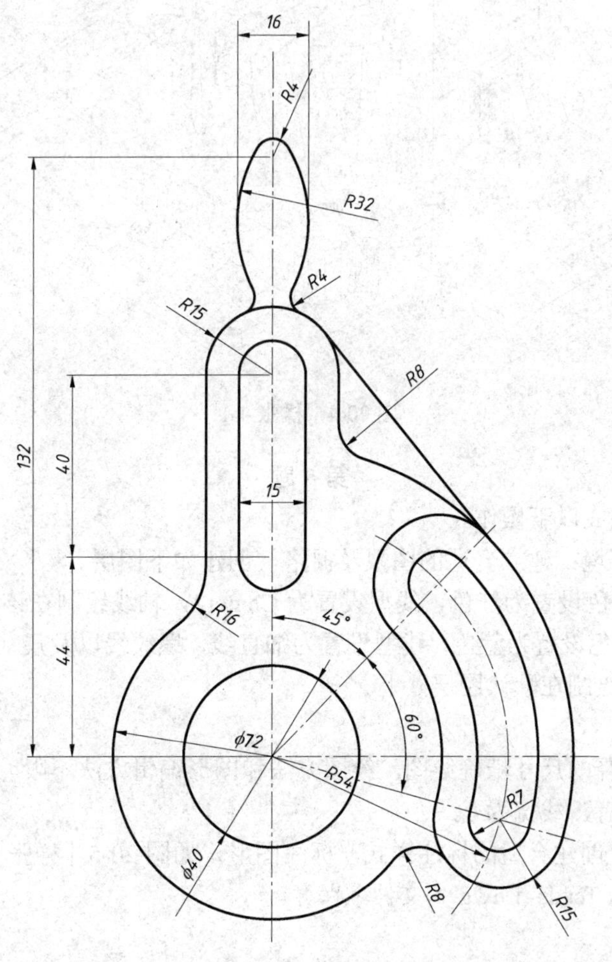

图 20-3　样张 3-1

第 4 题

建立新文件，完成以下操作。

（1）设置绘图环境：建立合适的图限及栅格，创建“标注”图层，将其颜色设置为蓝色，线型为细直线，标注应绘制在该层上。

（2）绘制图形：根据试题注释的尺寸精确绘图，绘图方法和图形编辑方法不限。

（3）尺寸标注：创建合适的标注样式，在“标注”图层标注图形，如图 20-4［样张 4-1A］所示。

将完成的图形以 Tcad4-1.dwg 为文件名保存。

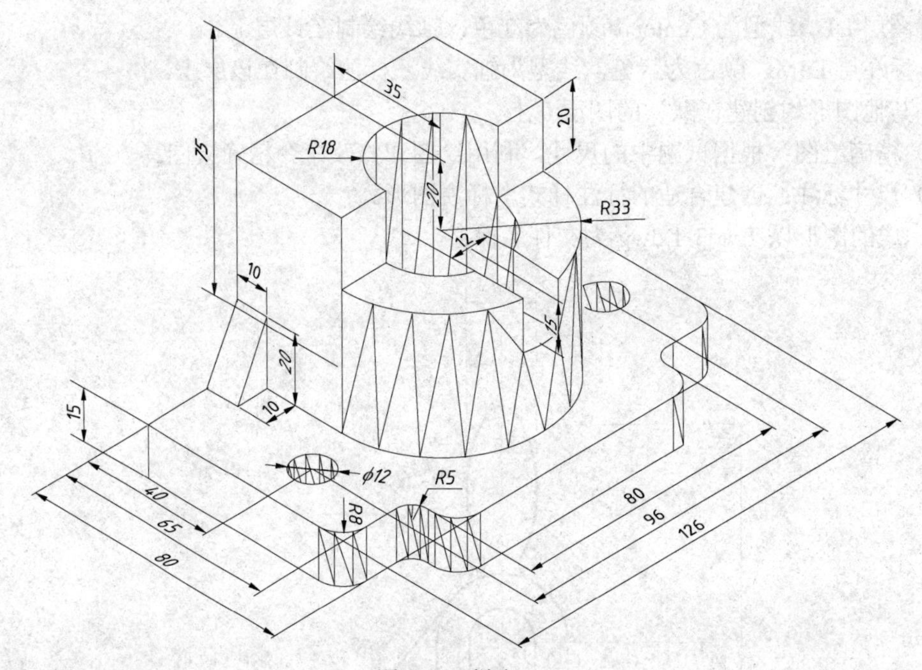

图 20-4　样张 4-1

第 5 题

建立新文件，完成以下操作。

（1）设置绘图环境：建立合适的图限及栅格，创建如下图层。

1）图层 L1，颜色设置为红色，线型设置为 Center2，轴线绘制在该层上。

2）图层 L2，颜色设置为蓝色，线型设置为细直线，螺纹线以及尺寸标注绘制在该层上。

3）其余图形均绘制在默认图层 0 上。

（2）精确绘图：

1）根据试题注释的尺寸精确绘图，绘图方法和图形编辑方法不限。

2）未明确线宽者，线宽为 0。

（3）尺寸标注：创建合适的标注样式，标注图形，如图 20-5［样张 5-1］所示。

将完成的图形以 Tcad5-1.dwg 为文件名保存。

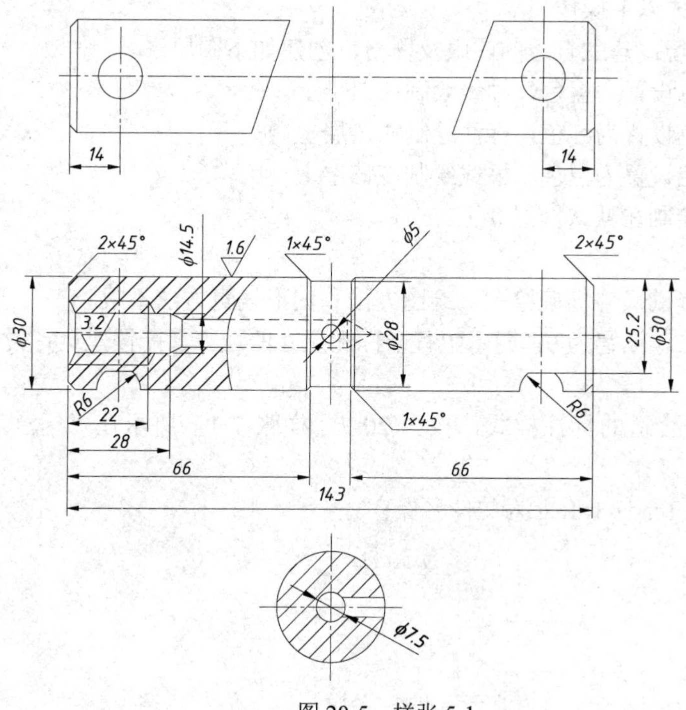

图 20-5　样张 5-1

第 6 题

建立新文件，完成以下操作。

（1）绘制图形：绘制如图 20-6［样张 6-1］所示图形，图形的尺寸不限，编辑方法不限。

（2）调整显示：创建多视口并调整各视口中的视图。

将完成的图形以 Tcad6-1.dwg 为文件名保存。

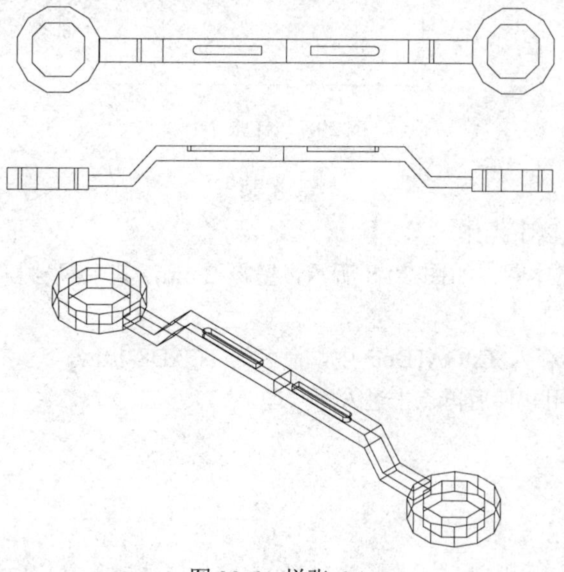

图 20-6　样张 6-1

第 7 题

建立新文件，完成以下操作。

（1）设置绘图环境：建立合适的图限及栅格，创建如下图层。

1）“轴线”：颜色设置为蓝色，轴线绘制在该层上。

2）“标注”：颜色设置为红色，标注绘制在该层上。

3）“实线”：颜色设置为黑色，框线绘制在该层上。

4）其他图形均绘制在默认图层 0 上。

（2）绘制图形：

1）根据试题注释的尺寸精确绘图，绘图方法和图形编辑方法不限。

2）未明确线宽者，线宽为 0。图示中有未标注尺寸的地方，请按建筑有关规范自行定义尺寸。

（3）标注：设置合适的标注样式，按图 20-7［样张 7-1］所示在“标注”图层上标注图形。

将完成的图形以 Tcad7-1.dwg 为文件名保存。

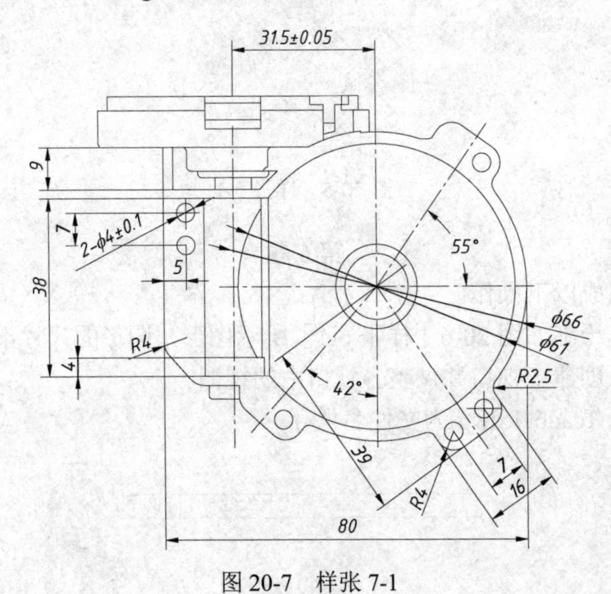

图 20-7 样张 7-1

第 8 题

建立新文件，完成以下操作。

（1）画三维效果壳体图，如图 20-8 所示，壁厚 2mm，其余尺寸自定，要求视觉效果与样张相似。

（2）完成后将图形存入 C:\GATDoc 中，命名为 TCAD8-1.dwg。

请关闭 autocad 应用软件后再点击进入下一题。

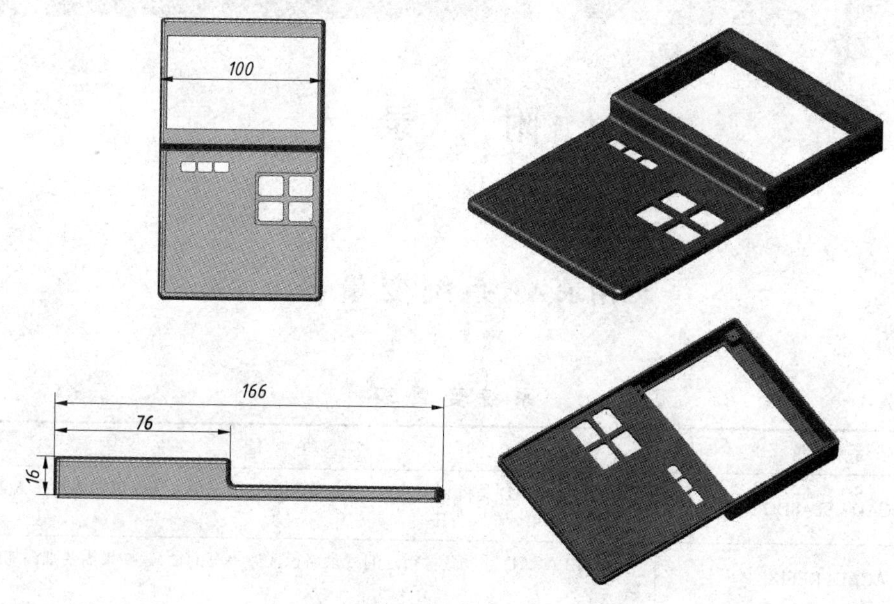

图 20-8　样张 8-1

附　录

附录A　系统变量表

附表 A-1　　系统变量表

系统变量	功　能
ACAD LSPASDOC	控制 AutoCAD 是将 acad.lsp 文件加载到所有图形中，还是仅加载到在 AutoCAD 任务中打开的第一个文件中
ACADPREFIX	存储由 ACAD 环境变量指定的目录路径（如果有的话），如果需要则添加路径分隔符
ACADVER	存储 AutoCAD 版本号
ACISOUTVER	控制 ACISOUT 命令创建的 SAT 文件的 ACIS 版本
ADCSTATE	确定是否激活 DesignCenter™
AFLAGS	设置 ATTDEF 位码的属性标志
ANGBASE	设置相对当前 UCS 的 0 度基准角方向
ANGDIR	设置相对当前 UCS 以 0 度为起点的正角度方向
APBOX	打开或关闭 AutoSnap 靶框
APERTURE	以像素为单位设置对象捕捉的靶框尺寸
AREA	存储由 AREA、LIST 或 DBLIST 计算出来的最后一个面积
ASSISTSTATE	设置正角度的方向。从相对于当前 UCS 方向的 0 角度测量角度值
ATTDIA	控制-INSERT 是否使用对话框获取属性值
ATTMODE	控制属性的显示方式
ATTREQ	确定 INSERT 在插入块时是否使用缺省属性设置
AUDITCTL	控制 AUDIT 命令是否创建核查报告文件（ADT）
AUNITS	设置角度单位
AUPREC	设置角度单位的小数位数
AUTOSNAP	控制 AutoSnap 标记、工具栏提示和磁吸
BACKGROUNDPLOT	保存“数据库连接管理器”是否活动或不活动的状态
BACKZ	存储当前视口后剪裁平面到目标平面的偏移值
BINDTYPE	控制绑定或在位编辑外部参照时外部参照名称的处理方式
BLIPMODE	控制点标记是否可见
CDATE	设置日历的日期和时间
CECOLOR	设置新对象的颜色

续表

系统变量	功 能
CELTSCALE	设置当前对象的线型比例缩放因子
CELTYPE	设置新对象的线型
CELWEIGHT	设置新对象的线宽
CHAMFERA	设置第一个倒角距离
CHAMFERB	设置第二个倒角距离
CHAMFERC	设置倒角长度
CHAMFERD	设置倒角角度
CHAMMODE	设置 AutoCAD 创建倒角的输入模式
CIRCLERAD	设置缺省的圆半径
CLAYER	设置当前图层
CMDACTIVE	存储一个位码值，此位码值标识激活的是普通命令、透明命令、脚本还是对话框
CMDECHO	控制 AutoLISP 的（command）函数运行时 AutoCAD 是否回显提示和输入
CMDNAMES	显示活动命令和透明命令的名称
CMLJUST	指定多线对正方式
CMLSCALE	控制多线的全局宽度
CMLSTYLE	设置多线样式
COMPASS	控制当前视口中三维坐标球的开关状态
COORDS	控制状态栏上的坐标更新方式
CPLOTSTYLE	控制新对象的当前打印样式
CPROFILE	存储当前配置文件的名称
CTAB	返回图形中的当前选项卡（模型或布局）名称。通过本系统变量，用户可以确定当前的活动选项卡
CTABLESTYLE	显示当前自定义拼写词典的路径和文件名
CURSORSIZE	按屏幕大小的百分比确定十字光标的大小
CVPORT	设置当前视口的标识号
DATE	存储当前日期和时间
DBCSTATE	用位码指示图形的修改状态
DBMOD	用位码表示图形的修改状态
DCTCUST	显示当前自定义拼写词典的路径和文件名
DCTMAIN	本系统变量显示当前的主拼写词典的文件名
DEFLPLSTYLE	为新图层指定缺省打印样式名称
DEFPLSTYLE	为新对象指定缺省打印样式名称
DELOBJ	控制用来创建其他对象的对象将从图形数据库中删除还是保留在图形数据库中
DEMANDLOAD	在图形包含由第三方应用程序创建的自定义对象时，指定 AutoCAD 是否以及何时要求加载此应用程序
DIASTAT	存储最近一次使用对话框的退出方式

续表

系统变量	功　能
DIMADEC	控制角度标注显示精度的小数位
DIMALT	控制标注中换算单位的显示
DIMALTD	控制换算单位中小数的位数
DIMALTF	控制换算单位中的比例因子
DIMALTRND	决定换算单位的舍入
DIMALTTD	设置标注换算单位公差值的小数位数
DIMALTTZ	控制是否对公差值作消零处理
DIMALTU	设置所有标注样式族成员（角度标注除外）的换算单位的单位格式
DIMALTZ	控制是否对换算单位标注值作消零处理
DIMAPOST	指定所有标注类型（角度标注除外）换算标注测量值的文字前缀或后缀（或两者都指定）
DIMASO	控制标注对象的关联性（旧式的）
DIMASSOC	控制标注对象的关联性
DIMASZ	控制尺寸线、引线箭头的大小
DIMATFIT	当尺寸界线的空间不足以同时放下标注文字和箭头时，确定这两者的排列方式
DIMAUNIT	设置角度标注的单位格式
DIMAZIN	对角度标注作消零处理
DIMBLK	设置显示在尺寸线或引线末端的箭头块
DIMBLK1	当 DIMSAH 为开时，设置尺寸线第一个端点的箭头
DIMBLK2	当 DIMSAH 为开时，设置尺寸线第二个端点的箭头
DIMCEN	控制由 DIMCENTER、DIMDIAMETER 和 DIMRADIUS 绘制的圆或圆弧的圆心标记和中心线
DIMCLRD	为尺寸线、箭头和标注引线指定颜色
DIMCLRE	为尺寸界线指定颜色
DIMCLRT	为标注文字指定颜色
DIMDEC	设置标注主单位显示的小数位位数
DIMDLE	当使用小斜线代替箭头进行标注时，设置尺寸线超出尺寸界线的距离
DIMDLI	控制基线标注中尺寸线的间距
DIMDSEP	指定一个单独的字符作为创建十进制标注时使用的小数分隔符
DIMEXE	指定尺寸界线超出尺寸线的距离
DIMEXO	指定尺寸界线偏离原点的距离
DIMFIT	已废弃。现由 DIMATFIT 和 DIMTMOVE 代替
DIMFRAC	设置当 DIMLUNIT 被设为 4（建筑）或 5（分数）时的分数格式
DIMGAP	在尺寸线分段以放置标注文字时，设置标注文字周围的距离
DIMJUST	控制标注文字的水平位置
DIMLDRBLK	指定引线的箭头类型

续表

系统变量	功　能
DIMLFAC	设置线性标注测量值的比例因子
DIMLIM	将极限尺寸生成为缺省文字
DIMLUNIT	为所有标注类型（角度标注除外）设置单位
DIMLWD	指定尺寸线的线宽
DIMLWE	指定尺寸界线的线宽
DIMPOST	指定标注测量值的文字前缀或后缀（或两者都指定）
DIMRND	将所有标注距离舍入到指定值
DIMSAH	控制尺寸线箭头块的显示
DIMSCALE	为标注变量（指定尺寸、距离或偏移量）设置全局比例因子
DIMSD1	控制是否禁止显示第一条尺寸线
DIMSD2	控制是否禁止显示第二条尺寸线
DIMSE1	控制是否禁止显示第一条尺寸界线
DIMSE2	控制是否禁止显示第二条尺寸界线
DIMSHO	控制是否重新定义拖动的标注对象
DIMSOXD	控制是否允许尺寸线绘制到尺寸界线之外
DIMSTYLE	显示当前标注样式
DIMTAD	控制文字相对尺寸线的垂直位置
DIMTDEC	设置标注主单位的公差值显示的小数位数
DIMTFAC	设置用来计算标注分数或公差文字的高度的比例因子
DIMTIH	控制所有标注类型（坐标标注除外）的标注文字在尺寸界线内的位置
DIMTIX	在尺寸界线之间绘制文字
DIMTM	当 DIMTOL 或 DIMLIM 为开时，为标注文字设置最大下偏差
DIMTMOVE	设置标注文字的移动规则
DIMTOFL	控制是否将尺寸线绘制在尺寸界线之间（即使文字放置在尺寸界线之外）
DIMTOH	控制标注文字在尺寸界线外的位置
DIMTOL	将公差添加到标注文字中
DIMTOLJ	设置公差值相对名词性标注文字的垂直对正方式
DIMTP	当 DIMTOL 或 DIMLIM 为开时，为标注文字设置最大上偏差
DIMTSZ	指定线性标注、半径标注以及直径标注中替代箭头的小斜线尺寸
DIMTVP	控制尺寸线上方或下方标注文字的垂直位置
DIMTXSTY	指定标注的文字样式
DIMTXT	指定标注文字的高度，除非当前文字样式具有固定的高度
DIMTZIN	控制是否对公差值作消零处理
DIMUNIT	已废弃，现由 DIMLUNIT 和 DIMFRAC 代替
DIMUPT	控制用户定位文字的选项

续表

系统变量	功　能
DIMZIN	控制是否对主单位值作消零处理
DISPSILH	控制线框模式下实体对象轮廓曲线的显示
DISTANCE	存储由 DIST 计算的距离
DONUTID	设置圆环的缺省内直径
DONUTOD	设置圆环的缺省外直径
DRAGMODE	控制拖动对象的显示
DRAGP1	设置重生成拖动模式下的输入采样率
DRAGP2	设置快速拖动模式下的输入采样率
DRAWORDERCTL	控制绘图次序功能
DWGCHECK	确定图形最后是否经非 AutoCAD 程序编辑
DWGCODEPAGE	存储与 SYSCODEPAGE 系统变量相同的值（出于兼容性的原因）
DWGNAME	存储用户输入的图形名
DWGPREFIX	存储图形文件的“驱动器/目录”前缀
DWGTITLED	指出当前图形是否已命名
EDGEMODE	控制 TRIM 和 EXTEND 确定修剪边和边界的方式
ELEVATION	存储当前空间的当前视口中相对于当前 UCS 的当前标高值
ERRNO	当 AutoCAD 检测到 AutoLISP 函数调用导致的错误时，显示相应的错误代码编号
EXPERT	控制是否显示某些特定提示
EXPLMODE	控制 EXPLODE 是否支持比例不一致（NUS）的块
EXTMAX	存储图形范围右上角点的坐标
EXTMIN	存储图形范围左下角点的坐标
EXTNAMES	为存储于符号表中的已命名对象名称（例如线型和图层）设置参数
FACETRATIO	控制圆柱或圆锥 ACIS 实体镶嵌面的宽高比
FACETRES	调整着色对象和渲染对象的平滑度，对象的隐藏线被删除
FIELDDISPLAY	控制是否以灰色背景显示字段。不打印背景
FIELDEVAL	控制如何更新字段
FILEDIA	禁止显示文件对话框
FILLETRAD	存储当前的圆角半径
FILLMODE	指定多线、宽线、二维填充、所有图案填充（包括实体填充）和宽多段线是否被填充
FONTALT	指定在找不到指定的字体文件时使用的替换字体
FONTMAP	指定要用到的字体映射文件
FRONTZ	存储当前视口中前剪裁平面到目标平面的偏移量
FULLOPEN	指示当前图形是否被局部打开
GRIDMODE	打开或关闭栅格
GRIDUNIT	指定当前视口的栅格间距（X 和 Y 方向）

续表

系统变量	功　能
GRIPBLOCK	控制块中夹点的分配
GRIPCOLOR	控制未选定夹点（绘制为轮廓框）的颜色
GRIPHOT	控制选定夹点（绘制为实心块）的颜色
GRIPHOVER	控制光标在未选中夹点上暂停时，该夹点的填充颜色。有效取值范围为 1 到 255
GRIPOBJLIMIT	抑制当初始选择集包含的对象超过特定的数量时夹点的显示。有效取值范围为 1 到 32 767
GRIPS	控制“拉伸”、“移动”、“旋转”、“比例”和“镜像”夹点模式中选择集夹点的使用
GRIPSIZE	以像素为单位设置显示夹点框的大小
GRIPTIPS	控制当光标在支持夹点提示的自定义对象上面悬停时，其夹点提示的显示
HALOGAP	指定当一个对象被另一个对象遮挡时，显示一个间隙
HANDLES	报告应用程序是否可以访问对象句柄
HIDEPRECISION	控制消隐和着色的精度
HIDETEXT	指定在执行 HIDE 命令的过程中是否处理由 TEXT、DTEXT 或 MTEXT 命令创建的文字对象
HIGHLIGHT	控制对象的亮显。它并不影响使用夹点选定的对象
HPANG	指定填充图案的角度
HPASSOC	控制图案填充和渐变填充是否关联
HPBOUND	控制 BHATCH 和 BOUNDARY 创建的对象类型
HPDOUBLE	指定用户定义图案的交叉填充图案
HPDRAWORDER	控制图案填充和填充的绘图次序
HPGAPTOL	将几乎包含一个区域的一组对象视为一个闭合的图案填充边界
HPNAME	设置缺省的填充图案名称
HPSCALE	指定填充图案的比例因子
HPSPACE	为用户定义的简单图案指定填充图案的线间距
HYPERLINKBASE	指定图形中用于所有相对超级链接的路径
IMAGEHLT	控制是亮显整个光栅图像还是仅亮显光栅图像边框
INDEXCTL	控制是否创建图层和空间索引并保存到图形文件中
INETLOCATION	存储 BROWSER 和“浏览 Web 对话框”使用的 Internet 网址
INSBASE	存储 BASE 设置的插入基点
INSNAME	为 INSERT 设置缺省块名
INSUNITS	当从 AutoCAD 设计中心拖放块时，指定图形单位值
INSUNITSDEFSOURCE	设置源内容的单位值
INSUNITSDEFTARGET	设置目标图形的单位值
INTERSECTIONCOLOR	指定相交多段线的颜色
INTERSECTIONDISPLAY	指定相交多段线的显示
ISAVEBAK	提高增量保存速度，特别是对于大的图形

续表

系统变量	功　能
ISAVEPERCENT	确定图形文件中所允许的占用空间的总量
ISOLINES	指定对象上每个曲面的轮廓素线的数目
LASTANGLE	存储上一个输入圆弧的端点角度
LASTPOINT	存储上一个输入的点
LASTPROMPT	存储显示在命令行中的上一个字符串
LAYOUTREGENCTL	指定模型选项卡和布局选项卡中的显示列表如何更新
LENSLENGTH	存储当前视口透视图中的镜头焦距长度（以毫米为单位）
LIMCHECK	控制在图形界限之外是否可以生成对象
LIMMAX	存储当前空间的右上方图形界限
LIMMIN	存储当前空间的左下方图形界限
LISPINIT	当使用单文档界面时，指定打开新图形时是否保留 AutoLISP 定义的函数和变量
LOCALE	显示用户运行的当前 AutoCAD 版本的国际标准化组织（ISO）语言代码
LOCALROOTPREFIX	保存完整路径至安装本地可自定义文件的根文件夹
LOGFILEMODE	指定是否将文本窗口的内容写入日志文件
LOGFILENAME	指定日志文件的路径和名称
LOGFILEPATH	为同一任务中的所有图形指定日志文件的路径
LOGINNAME	显示加载 AutoCAD 时配置或输入的用户名
LTSCALE	设置全局线型比例因子
LUNITS	设置线性单位
LUPREC	设置线性单位的小数位数
LWDEFAULT	设置缺省线宽的值
LWDISPLAY	控制“模型”或“布局”选项卡中的线宽显示
LWUNITS	控制线宽的单位显示为英寸还是毫米
MAXACTVP	设置一次最多可以激活多少视口
MAXSORT	设置列表命令可以排序的符号名或块名的最大数目
MBUTTONPAN	控制定点设备第三按钮或滑轮的动作响应
MEASUREINIT	设置初始图形单位（英制或公制）
MEASUREMENT	设置当前图形的图形单位（英制或公制）
MENUCTL	控制屏幕菜单中的页切换
MENUECHO	设置菜单回显和提示控制位
MENUNAME	存储菜单文件名，包括文件名路径
MIRRTEXT	控制 MIRROR 对文字的影响
MODEMACRO	在状态行显示字符串
MSOLESCAL	控制粘贴到模型空间中的带有文本的 OLE 对象的尺寸
MTEXTED	设置用于多行文字对象的首选和次选文字编辑器

续表

系统变量	功　能
MTEXTFIXED	控制“多行文字编辑器”的外观
MTJIGSTRING	设置启动 MTEXT 命令时显示在光标位置的文字样例的内容
MYDOCUMENTSPREFIX	存储当前登录用户的“My Documents”文件夹的完整路径
NOMUTT	禁止消息显示，即不反馈工况（如果这些消息在通常情况下并不禁止）
OBSCUREDCOLOR	指定遮挡线的颜色
OBSCUREDLTYPE	指定遮挡线的线型
OFFSETDIST	设置缺省的偏移距离
OFFSETGAPTYPE	控制如何偏移多段线以弥补偏移多段线的单个线段所留下的间隙
OLEHIDE	控制 AutoCAD 中 OLE 对象的显示
OLEQUALITY	控制内嵌的 OLE 对象质量缺省的级别
OLESTARTUP	控制打印内嵌 OLE 对象时是否加载其源应用程序
ORTHOMODE	限制光标在正交方向移动
OSMODE	使用位码设置执行对象捕捉模式
OSNAPCOORD	控制是否从命令行输入坐标替代对象捕捉
PALETTEOPAQUE	控制窗口是否可以是透明的
PAPERUPDATE	控制警告对话框的显示（如果试图以不同于打印配置文件缺省指定的图纸大小打印布局）
PDMODE	控制如何显示点对象
PDSIZE	设置显示的点对象大小
PEDITACCEPT	抑制在使用 PEDIT 时，显示“选取的对象不是多段线”的提示
PELLIPSE	控制由 ELLIPSE 命令创建的椭圆类型
PERIMETER	存储 AREA、LIST 或 DBLIST 计算的最后一个周长值
PFACEVMAX	设置每个面顶点的最大数目
PICKADD	控制后续选定对象是替换当前选择集还是追加到当前选择集中
PICKAUTO	控制“选择对象”提示下是否自动显示选择窗口
PICKBOX	设置选择框的高度
PICKDRAG	控制绘制选择窗口的方式
PICKFIRST	控制在输入命令之前（先选择后执行）还是之后选择对象
PICKSTYLE	控制编组选择和关联填充选择的使用
PLATFORM	指示 AutoCAD 工作的操作系统平台
PLINEGEN	设置如何围绕二维多段线的顶点生成线型图案
PLINETYPE	指定 AutoCAD 是否使用优化的二维多段线
PLINEWID	存储多段线的缺省宽度
PLOTOFFSET	控制打印偏移是相对于可打印区域还是相对于图纸边
PLOTROTMODE	控制打印方向

续表

系统变量	功　能
PLQUIET	控制显示可选对话框以及脚本和批打印的非致命错误
POLARADDANG	包含用户定义的极轴角
POLARANG	设置极轴角增量
POLARDIST	当 SNAPSTYL 系统变量设置为 1（极轴捕捉）时，设置捕捉增量
POLARMODE	控制极轴和对象捕捉追踪设置
POLYSIDES	设置 POLYGON 的缺省边数
POPUPS	显示当前配置的显示驱动程序状态
PRODUCT	返回产品名称
PROGRAM	返回程序名称
PROJECTNAME	给当前图形指定一个工程名称
PROJMODE	设置修剪和延伸的当前“投影”模式
PROXYGRAPHICS	指定是否将代理对象的图像与图形一起保存
PROXYNOTICE	如果打开一个包含自定义对象的图形，而创建此自定义对象的应用程序尚未加载时，显示通知
PROXYSHOW	控制图形中代理对象的显示
PROXYWEBSEARCH	指定程序如何检查对象激活器
PSLTSCALE	控制图纸空间的线型比例
PSPROLOG	为使用 PSOUT 时从 acad.psf 文件读取的前导段指定一个名称
PSQUALITY	控制 PostScript 图像的渲染质量
PSTYLEMODE	指明当前图形处于“颜色相关打印样式”还是“命名打印样式”模式
PSTYLEPOLICY	控制对象的颜色特性是否与其打印样式相关联
PSVPSCALE	为新创建的视口设置视图缩放比例因子
PUCSBASE	存储仅定义图纸空间中正交 UCS 设置的原点和方向的 UCS 名称
QTEXTMODE	控制文字的显示方式
RASTERDPI	控制从有量纲输出设备更改为无量纲输出设备时的图纸尺寸和打印比例，反之亦然
RASTERPREVIEW	控制 BMP 预览图像是否随图形一起保存
REFEDITNAME	指示图形是否处于参照编辑状态，并存储参照文件名
REGENMODE	控制图形的自动重生成
RE-INIT	初始化数字化仪、数字化仪端口和 acad.pgp 文件
REMEMBERFOLDERS	控制“标准的文件选择”对话框中的“查找”或“保存”选项的默认路径
REPORTERROR	控制当 AutoCAD 异常关闭时，是否可以将错误报告发送到 Autodesk
ROAMABLEROOTPREFIX	保存完整路径至安装可移动自定义文件的根文件夹
RTDISPLAY	控制实时缩放（ZOOM）或平移（PAN）时光栅图像的显示
SAVEFILE	存储当前用于自动保存的文件名
SAVEFILEPATH	为 AutoCAD 任务中所有自动保存文件指定目录的路径

续表

系统变量	功　能
SAVENAME	在保存图形之后存储当前图形的文件名和目录路径
SAVETIME	以分钟为单位设置自动保存的时间间隔
SCREENBOXES	存储绘图区域的屏幕菜单区显示的框数
SCREENMODE	存储表示 AutoCAD 显示的图形/文本状态的位码值
SCREENSIZE	以像素为单位存储当前视口的大小（*X* 和 *Y* 值）
SDI	控制 AutoCAD 运行于单文档还是多文档界面
SHADEDGE	控制渲染时边的着色
SHADEDIF	设置漫反射光与环境光的比率
SHORTCUTMENU	控制“缺省”“编辑”和“命令”模式的快捷菜单在绘图区域是否可用
SHPNAME	设置缺省的形名称
SIGWARN	控制打开带有数字签名的文件时是否发出警告
SKETCHINC	设置 SKETCH 使用的记录增量
SKPOLY	确定 SKETCH 生成直线还是多段线
SNAPANG	为当前视口设置捕捉和栅格的旋转角
SNAPBASE	相对于当前 UCS 设置当前视口中捕捉和栅格的原点
SNAPISOPAIR	控制当前视口的等轴测平面
SNAPMODE	打开或关闭“捕捉”模式
SNAPSTYL	设置当前视口的捕捉样式
SNAPTYPE	设置当前视口的捕捉样式
SNAPUNIT	设置当前视口的捕捉间距
SOLIDCHECK	打开或关闭当前 AutoCAD 任务中的实体校验
SORTENTS	控制 OPTIONS 命令（从“选择”选项卡中执行）对象排序操作
SPLFRAME	控制样条曲线和样条拟合多段线的显示
SPLINESEGS	设置为每条样条拟合多段线生成的线段数目
SPLINETYPE	设置用 PEDIT 命令的“样条曲线”选项生成的曲线类型
SSFOUND	如果搜索图纸集成功，则显示图纸集路径和文件名
SSLOCATE	控制当打开图形时 AutoCAD 是否试图定位和打开与该图形相关联的图纸集
SSMAUTOOPEN	控制当打开与图纸相关联的图形时 AutoCAD 是否显示图纸集管理器
SSMSTATE	确定是否激活“图纸集管理器”窗口
STANDARDSVIOLATION	指定当创建或修改非标准对象时，是否通知用户当前图形中存在标准冲突
STARTUP	控制当使用 NEW 和 QNEW 命令创建新图形时是否显示“创建新图形”对话框。还控制当应用程序启动时是否显示“启动”对话框
SURFTAB1	设置 RULESURF 和 TABSURF 命令所用到的网格面数目
SURFTAB2	设置 REVSURF 和 EDGESURF 在 *N* 方向上的网格密度
SURFTYPE	控制 PEDIT 命令的“平滑”选项生成的拟合曲面类型

续表

系统变量	功　能
SURFU	设置 PEDIT 的“平滑”选项在 M 方向所用到的表面密度
SURFV	设置 PEDIT 的“平滑”选项在 N 方向所用到的表面密度
SYSCODEPAGE	指示 acad.xmf 中指定的系统代码页
TABMODE	控制数字化仪的使用
TARGET	存储当前视口中目标点的位置
TBCUSTOMIZE	控制是否可以自定义工具栏
TDCREATE	存储图形创建的本地时间和日期
TDINDWG	存储总编辑时间
TDUCREATE	存储图形创建的国际时间和日期
TDUPDATE	存储最后一次更新/保存的本地时间和日期
TDUSRTIMER	存储用户消耗的时间
TDUUPDATE	存储最后一次更新/保存的国际时间和日期
TEMPPREFIX	包含用于放置临时文件的目录名
TEXTEVAL	控制处理字符串的方式
TEXTFILL	控制打印、渲染以及使用 PSOUT 命令输出时 TrueType 字体的填充方式
TEXTQLTY	控制打印、渲染以及使用 PSOUT 命令输出时 TrueType 字体轮廓的分辨率
TEXTSIZE	设置以当前文字样式绘制出来的新文字对象的缺省高度
TEXTSTYLE	设置当前文字样式的名称
THICKNESS	设置当前三维实体的厚度
TILEMODE	将“模型”或最后一个布局选项卡设置为当前选项卡
TOOLTIPS	控制工具栏提示的显示
TPSTATE	确定“工具选项板”窗口是否激活
TRACEWID	设置宽线的缺省宽度
TRACKPATH	控制显示极轴和对象捕捉追踪的对齐路径
TRAYICON	控制是否在状态栏上显示系统托盘
TRAYNOTIFY	控制是否在状态栏系统托盘上显示服务通知
TRAYTIMEOUT	控制服务通知显示的时间长短（用秒）。有效值范围为 0 到 10
TREEDEPTH	指定最大深度，即树状结构的空间索引可以分出分枝的最大数目
TREEMAX	通过限制空间索引（八叉树）中的节点数目，从而限制重新生成图形时占用的内存
TRIMMODE	控制 AutoCAD 是否修剪倒角和圆角的边缘
TSPACEFAC	控制多行文字的行间距。以文字高度的比例计算 t
TSPACETYPE	控制多行文字中使用的行间距类型
TSTACKALIGN	控制堆叠文字的垂直对齐方式
TSTACKSIZE	控制堆叠文字分数的高度相对于选定文字的当前高度的百分比
UCSAXISANG	存储使用 UCS 命令的 X，Y 或 Z 选项绕轴旋转 UCS 时的缺省角度值

续表

系统变量	功 能
UCSBASE	存储定义正交 UCS 设置的原点和方向的 UCS 名称
UCSFOLLOW	用于从一个 UCS 转换到另一个 UCS 时生成一个平面视图
UCSICON	显示当前视口的 UCS 图标
UCSNAME	存储当前空间中当前视口的当前坐标系名称
UCSORG	存储当前空间中当前视口的当前坐标系原点
UCSORTHO	确定恢复一个正交视图时是否同时自动恢复相关的正交 UCS 设置
UCSVIEW	确定当前 UCS 是否随命名视图一起保存
UCSVP	确定活动视口的 UCS 保持定态还是作相应改变以反映当前活动视口的 UCS 状态
UCSXDIR	存储当前空间中当前视口的当前 UCS 的 *X* 方向
UCSYDIR	存储当前空间中当前视口的当前 UCS 的 *Y* 方向
UNDOCTL	存储指示 UNDO 命令的“自动”和“控制”选项的状态的位码
UNDOMARKS	存储“标记”选项放置在 UNDO 控制流中的标记数目
UNITMODE	控制单位的显示格式
UPDATETHUMBNAIL	控制“图纸集管理器”中缩微预览的更新
USERI1-5	存储和提取整型值
USERR1-5	存储和提取实型值
USERS1-5	存储和提取字符串数据
VIEWCTR	存储当前视口中视图的中心点
VIEWDIR	存储当前视口中的查看方向
VIEWMODE	使用位码控制当前视口的查看模式
VIEWTWIST	存储当前视口的视图高度
VIEWSIZE	存储当前视口的视图扭转角
VISRETAIN	控制外部参照依赖图层的可见性、颜色、线型、线宽和打印样式（如果 PSTYLEPOLICY 设置为 0），并且指定是否保存对嵌套外部参照路径的修改
VPMAXIMIZEDSTATE	存储用于指示是否最大化视口的值。视口最大化时不能打印或发布
VSMAX	存储当前视口虚屏的右上角坐标
VSMIN	存储当前视口虚屏的左下角坐标
WHIPARC	控制圆或圆弧是否平滑显示
WHIPTHREAD	控制是否可以使用其他处理器（即多线程处理）来提高操作速度（例如重画或重生成图形的 ZOOM 和 PAN）。WHIPTHREAD 对单处理器计算机无效
WMFBKGND	控制 WMFOUT 命令输出的 Windows 图元文件、剪贴板中对象的图元格式以及拖放到其他应用程序的图元的背景
WMFOREGND	控制执行输出操作时 AutoCAD 对象在其他应用程序中的前景色指定
WORLDUCS	指示 UCS 是否与 WCS 相同
WORLDVIEW	确定响应 3DORBIT、DVIEW 和 VPOINT 命令的输入是相对于 WCS（缺省），还是相对于当前 UCS 或由 UCSBASE 系统变量指定的 UCS

续表

系统变量	功　能
WRITESTAT	指出图形文件是只读的还是可写的。开发人员需要通过 AutoLISP 确定文件的读写状态
XCLIPFRAME	控制外部参照剪裁边界的可见性
XEDIT	控制当前图形被其他图形参照时是否可以在位编辑
XFADECTL	控制在位编辑参照时的褪色度
XLOADCTL	打开或关闭外部参照文件的按需加载功能，控制打开原始图形还是打开一个副本
XLOADPATH	创建一个路径用于存储按需加载的外部参照文件临时副本
XREFCTL	控制 AutoCAD 是否生成外部参照的日志文件（XLG）
XREFNOTIFY	控制更新或缺少外部参照时的通知
XREFTYPE	控制附着或覆盖外部参照时的默认参照类型
ZOOMFACTOR	控制智能鼠标的每一次前移或后退操作所执行的缩放增量

附录 B AutoCAD 应用技巧问答

附录 B-1 AutoCAD 绘图技巧类问答

1. 如何将字写在圆的正中间?

答：用 TEXT 的 middle 对齐方式，选圆心，写字即可，也可改变已有的文字对齐方式为 middle 和插入点到圆心。

2. 为什么执行拉伸命令（stretch）时点选对象提示无效

答：要通过交叉窗口或交叉多边形窗口选择进行拉伸的对象，并在完成选择时按 ENTER 键。

3. 对于同一图层上的两条直线进行倒圆角，产生的弧将在哪一个层上?

答：在当前层上。因为这属于创建了一个图元。

4. 拉长命令（lengthen）中的“增量”选项中的“角度”选项是做什么用的?

答：这是用来改变圆弧参数的。

5. “特性匹配”能匹配那些特性?

答：颜色、图层、线型、线型比例、线宽、厚度、文字、图案填充。

6. 怎么才能标注上下公差都为正或者都为负的公差?

答：因为在输入公差值的时候，AutoCAD 默认上公差值为正，下公差值为负，所以，要使上下公差都为正的话，应在下公差值前加负号，而要使上下公差都为负时，则应在上公差值前加负号。

7. 如何快速输入下沉符号

答：可以使用多行文本命令，先在多行文本编辑器中先输入字母“x”，选中它再将其字体改成“GDT”格式即可。

8. 如何测量带弧线的多线段与多段线的长度?

答：使用列表命令（list）。

9. 如何将一个矩形内部等分为任意 $N×M$ 个小矩形，如何将圆等分为 N 份?

答：（1）等分矩形可以先将矩形分解命令（explode）将矩形分解成四条线段（如果该矩形是由矩形命令绘制的）。再使用定数等分命令（divide）将两条横边各等分成 M 个等分点，对应点连接。使用定数等分命令（divide）将两条竖边各等分成 N 个等分点，再对应点连接，即可。

（2）等分圆，可以先过圆心画一条辅助直线段再对该直线段进行环形阵列即可。

10. 如何快速将大量有宽度的多段线的宽度去掉?

答：将多段线分解（explode）即可。

11. 如何将多个对象合成一个对象进行操作?

答：若对象均为面域或实体的话，可以使用布尔运算中的并集运算完成；这种方法是真正将多个对象合成一个对象，但不能反向操作，即不能将合并后的对象再分解成单个面域或实体；否则可以使用“块”或“组（group）”进行组合。

12. 命令别名和快捷键是一样的吗?

答：命令别名和快捷键是两回事。命令别名是在命令行输入后按回车键执行的命令输入方法，如输入字母 L 再回车执行的是直线(line)命令，输入字母 C 再回车执行的是画圆(circle)命令。而命令别名是直接按键就执行的命令，如“CTRL+C”为复制，“CTRL+2”为打开设计中心。

13. AutoCAD 中命令别名存在什么地方?

答：存放在 AutoCAD 安装目录下的 support 目录下的 ACAD.PGP 文件中。

14. AutoCAD 中打印出来的都只有线框图，求教如何打出表面实形?

答：如果是 2004 版以上版本，可以在打印设置中设置打印屏幕效果。如果是 2004 以下版本，要先抓成图片后打印。

15. 已知圆心和半径和起点，如何绘制指定长度的圆弧?

答：先根据圆心和半径和起点绘制任意圆弧，再用拉长命令（lengthen）中的“全部”选项指定圆弧长度即可。

16. 如何绘制两相交线的角平分线?

答：用构造线（XLINE）的“二等分”选项。

17. 若想用打断断命令（BREAK）将一条线段从某点断开，除了将第一点和第二点设置为相同外还有什么方法?

答：有两种方法，一是在 2002 以后版本中的修改工具栏中有打断于点图标，使用即可。二是在提示输入第二点时用“@”来回答，可由第一点将实体分开。

18. 使用修剪命令（TRIM）时如何一次修剪多个对象?

答：修剪命令（TRIM）中提示选取要修剪的图形时，不支持常用的 window 和 crossing 选取方式。但可以使用 fence 选取方式，在命令行提示选择要剪除的图形时，输入“f”，然后在屏幕上画出一条虚线，回车，这时被该虚线接触到的图形全部被修剪掉。

19. 若想画一系统列同心圆，是不是每次都要通过输入圆心坐标或捕捉圆心点的方法来指定圆心?

答：不必，在画完第一个圆后，从画第二个圆开始，在系统提示指定圆心时输入符号“@”来回答，就可画出与前一个圆相同圆心的圆出来了。

20. 如何绘制一条与已经直线相切的圆弧?

答：先绘制直线，再绘制圆弧，在提示“指定圆弧的起点或[圆心(C)]:”时直接回车就可以了。

附录 B-2 AutoCAD 设置类问答

1. 如何使角度值设置时正值时为顺时针旋转?

答：在“格式”菜单“单位”中将“顺时针”前面的方框打上√就可以了。

2. 为什么 AutoCAD 中画出的圆不光滑?

答：你可以到下拉菜单“工具”—“选项”—“显示”标签页—“显示精度”栏，将“圆弧和圆的平滑度”值提高一些即可。

3. 为什么在选择对象时只能单选，不能复选，要通过 shift 键才能复选?

答：你可以到下拉菜单“工具”—“选项”—“选择”标签页—“选择集模式”栏，将

"用 shift 键添加到选择集"前面复选框中的√去掉就可以了。

4. 为什么用左键拖曳无法选中对象?

答：你可以到下拉菜单"工具"—"选项"—"选择"标签页—"选择集模式"栏中将"隐含窗口"前面复选框中打上√就可以了。

5. 在使用 AutoCAD 时，为什么夹点选择不能用?

答：你可以到下拉菜单"工具"—"选项"—"选择"标签页中将"启动夹点"前面复选框中打上√就可以了。

6. 做镜像时，如何做到图形镜像文字不镜像?

答：可以通过设置系统变量 MIRRTEXT 来完成，若该值设置为 1，文字翻转；若设置为 0，不翻转。

7. 标注完成后，发现尺寸数字的字高不合适怎么办?

答：选择下拉菜单"格式"—"标注样式"，在"标注样式管理器"中选择"修改"按钮，在出现的"修改标注样式"对话框的"文字"标签中，设置"文字高度"即可。

8. 如何使标注的箭头变成建筑标记?

答：选择下拉菜单"格式"—"标注样式"，在"标注样式管理器"中选择"修改"按钮，在出现的"修改标注样式"对话框的"直线和箭头"标签中，设置"箭头"即可。

9. 在输入单行文本时，为何没有提示设置字高?

答：若在文字样式中设置了固定的文字高度，输入文字时将不再询问文字高度，若将其设置为 0，就会出现提示。

10. 图形边界改变后填充图案不随着改变，怎么办?

答：在填充时，将"边界图案填充"对话框中"关联"项中设置成"关联"就可以了。

11. 在用 AutoCAD 标注圆的半径时，如果文字被拉到圆外时，总有一条线指向圆心，怎样将它删除?

答：选择下拉菜单"格式"—"标注样式"，在"标注样式管理器"中选择"修改"按钮，在出现的"修改标注样式"对话框的"调整"标签中，设置"始终在尺寸界线之间绘制尺寸线"前面的√去掉即可。

12. 做渲染时看不到材质，怎么办?

答：把渲染类型设置成"照片级真实感渲染"或"照片级光线跟踪渲染"即可。

13. 用平移网格命令做一个圆柱体，却是一个六棱柱，为什么?

答：因为你要先设置 SURFTAB1 和 SURFTAB2 这两个参数。

14. 在输入文本时，若想在文本中既包含汉字，又包含直径符号该如何设置字体样式?

答：有两种方法。一种是利用多行文本，输入汉字时选择汉字字体，如仿宋体，输入符号时选择型字体，如 txt.shx；第二种方法是使用大字字体，一般我习惯于设置字体为 gbeitc.shx，再选择"使用大字体"复选框，将大字体设置为 gbcbig.shx 即可。

15. 为何我设置的虚线画出的却是实线?

答：若线型设置没有错误的话，问题应出现在线型比例因子的设置上，该比例设置的过大或过小都可能会出现该种问题。可以打开其"特性"对话框，通过修改其"线型比例"的方法进行解决。

16. 如何将视口的边线隐去?

答：把视口建在单独的图层，关闭该图层就可以隐去视口的边线。

17. 在画图中有时实时缩放和实时平移不管用，怎么办?

答：这是实时平移和实时缩放的局限，实时平移和实时缩放都有一定的范围限制，当到达这个极限时，只有“重生成”后才可继续执行实时平移和实时缩放。你可以使用视图缩放（ZOOM）中的“全部”选项再进行实时缩放和实时平移就可以了。

18. 在画图时经常会出现很多小点，如何将它们去掉?

答：去掉这些小点可以使用重画命令（REDRAW），但再画图还会出现，若想这些小点永不再出现，可以设置系统变量 blipmode=0 就可以了。

19. 如何设置 3D 鼠标的滚轮键功能?

答：在命令提示下输入系统变量 MBUTTONPAN，设置为 1 功能为“平移命令”；设置为 0 功能为“捕捉”功能。

20. 在选择对象时，被选择的对象却消失了，怎么办?

答：执行 DragMode 命令，并设置其新值为 AUTO 即可。

附录 B-3　AutoCAD 操作类问答

1. 如何将图形文件中某一图层的图形另存为一个文件?

答：关闭不需要的图层，回到绘图区，将余下的图形采用制块的方法将其存入一个指定文件。

2. 怎样将 CAD 文件转换成其他格式的文件（比如 JPG）?

答：使用“文件”/“输出”，保存为图元文件或其他格式。

3. 如何在 AutoCAD 中插入图片?

答：选择下拉菜单“插入”—“光栅图象”，在打开的“选择图像文件”的对话框中选择图片文件即可。该功能支持 BMP、JPG、TIFF、TGA 等常用格式。

4. 如何修复损坏的图形?

答：选择下拉菜单“文件”—“图形实用程序”—“修复”，在出现的“文件选择”对话框中选择欲修复的图形文件即可。

5. AutoCAD 中的工具栏或最底部的命令窗口不见了怎么办?

答：把 AutoCAD 窗口拉小，关掉所有窗口及工具栏，一般就能看到，如果还不行，可把 windows 的任务栏隐藏就看到了，然后拖回相应位置就可以。

6. AutoCAD 中的菜单不见了，怎么办?

答：键入命令“MENULOAD”打开菜单自定义对话框，选择“菜单组”标签页中的“浏览”按钮，选择再选择“SUPPORT”目录下的“ACAD.MNC”，打开后加载，菜单就出现了。

7. 如何在创建新图时就出现自己的设置选项，如文字样式、标注样式、打印样式和自定义的图框标题栏等?

答：可以在一张新图中将这些内容设置好，再保存成模板格式 DWT 就可以了。

8. 如何将 AutoCAD 图插入到 WORD 文档中?

答：有三种方法：一是先在 AutoCAD 中画好欲插入的图形并保存，再打开 WORD 选择下拉菜单“插入”—“对象”，在弹出的“对象”对话框中选择“由文件创建”标签页，选择已有文件名就可以了；二是在 AutoCAD 中打开欲插入的图形，将欲插入部分缩放到最大，选择欲插入部分并复制，在 WORD 中粘贴即可；三是将 AutoCAD 中的图形用抓图软件抓成图片，再插入到 WORD 中即可。

9. 如何解决在 AutoCAD 中在使用“CTRL+C”复制时对象时，粘贴的物体总是离鼠标控制点很远。

答：在 AutoCAD 中的剪贴板复制功能中，默认的基点在图形的左下角。可以通过“带基点复制”，来设置粘贴时的插入点。“带基点复制”在“编辑”菜单或右键菜单中有。

10. 如何在 AutoCAD 中实现图片叠放次序切换？

答：选择下拉菜单“工具”—“显示顺序”，再在其中选择“前置”，“后置”即可。

11. 如何在 AutoCAD 中快速输入文本。

答：在 2005 版本中可以直接利用表格命令创建，再输入即可。若在以前的版本中，可以通过先输入一个文本，再将该文本复制到其他有文本的地方，最后再用文本编辑命令（DDEDIT）修改文本内容即可。

12. 如何将首尾相连的直线、多段线和圆弧变成一条线段？

答：用多段线编辑命令（PEDIT）中的合并（J）选项。

13. 为什么我的 AutoCAD 堆叠按钮不可用？

答：堆叠的使用，一是要有堆叠符号（#、^、/），二是要把堆叠的内容选中后才可以操作。

14. AutoCAD 中有一项自动保存设置，不知自动保存的文件存放在哪个文件夹里？恢复时是否将扩展名改为 DWG？

答：存放在“c:\windows\temp\”文件夹中，文件名一般为 auto1.sv$、auto2.sv$……。打开“我的电脑”，选择下拉菜单“工具”—“文件夹选项”（若操作系统是 WIN98 是在下拉菜单“查看”中），选择标签“查看”，将其中的“隐藏已知文件的扩展名”选项前的对钩去掉，就可以修改扩展名了。

15. 如何快速将图形按“范围”缩放显示？

答：双击中键就可以了。

16. 如何快速执行前面刚刚结束的命令？

答：直接回车就行了。

17. 如何快速输入几步前输入的命令？

答：有两种方法。一是在命令窗口右击，在出现的右键快捷菜单中选择“近期使用的命令”，就可出现；二是使用向上的箭头，就会依次出现前面执行的命令。

18. 打开文件时，系统不弹出对话框，而是在命令行提示输入文件名，怎样解决？

答：设置 FILEDIA=1 即可。

19. 要画一条与水平成 8 度的直线，又不想使用极轴和相对极坐标有什么方法？

答：先确定直线的第一点，在要求输入第二点坐标时输入“＜8”再回车即可。

20. 如何在 DOS 下打印 AutoCAD 图？

答：先在 AutoCAD 中将欲打印的图形打印到文件，再在 DOS 下输入：“type name.plt > prn”（注意其中 name.plt 是欲打印的图形文件名。

参 考 文 献

［1］ 姜勇. 机械制图习题精解［M］. 北京：人民邮电出版社，2002.
［2］ 全国计算机信息高新技术考试教材编写委员会. 计算机辅助设计（AutoCAD 平台）AutoCAD 2002/2004 职业技能培训教程（高级绘图员级）［M］. 北京：红旗出版社，2004.
［3］ 全国计算机信息高新技术考试教材编写委员会. 计算机辅助设计（AutoCAD 平台）AutoCAD 2002/2004 试题汇编（高级绘图员级）［M］. 北京：电子科技大学出版社，北京希望电子出版社，2004.
［4］ 王克印. AutoCAD 2008 上机指导与练习［M］. 北京：电子工业出版社，2002.
［5］ 舒飞. AutoCAD 工程制图教程与上机指导［M］. 北京：清华大学出版社，2005.
［6］ 胡景姝，胡远忠，石加联. AutoCAD 上机指导与习题精解［M］. 北京：哈尔滨工业大学出版社，2008.
［7］ 及秀琴. AutoCAD2007 上机指导与实训［M］. 北京：中国电力出版社，2007.
［8］ 及秀琴. 工程制图［M］. 北京：清华大学出版社，2007.
［9］ 曹岩，秦少军. AutoCAD 2010 基础篇［M］. 北京：化学工业出版社，2009.